非线性系统的动力学行为及控制与同步仿真研究

Dynamic Behavior and Control and Synchronization Simulation of Nonlinear System

王贺元◎著

重庆大学出版社

内容提要

本书对一些非线性系统的动力学行为及控制与同步仿真进行了研究。首先,介绍了混沌的研究发展状况、混沌的相关知识以及化学混沌的研究进展。其次,对化学反应中混沌模型的研究结果进行了总结。研究了 Willamowski-Rössler 化学系统的动力学行为并进行了详细的数值仿真,模拟了系统经由倍周期分岔到达混沌的过程。给出了分岔图与最大 Lyapunov 指数谱和庞加莱截面以及功率谱和返回映射图,仿真结果揭示了该系统混沌行为的普适特征。设计了自适应控制器和非线性控制器,通过理论分析及计算机仿真实现了对其无量纲化系统的控制。然后,研究了三模分数维激光系统的局部稳定性,设计自适应控制器,实现了分数维激光系统的控制与同步,利用反馈控制的方法实现了整数阶 Lorenz 系统与分数阶激光系统的同步问题,用数值仿真验证了方法的有效性。最后,探讨分析了地磁系统的动力学行为及其仿真问题。

图书在版编目(CIP)数据

非线性系统的动力学行为及控制与同步仿真研究/王贺元著. --重庆:重庆大学出版社,2022.3

ISBN 978-7-5689-3196-0

Ⅰ.①非… Ⅱ.①王… Ⅲ.①非线性系统(自动化)—动力学—研究 ②非线性系统(自动化)—系统仿真—研究 Ⅳ.①TP271

中国版本图书馆 CIP 数据核字(2022)第 050369 号

非线性系统的动力学行为及控制与同步仿真研究

FEIXIANXING XITONG DE DONGLIXUE XINGWEI JI KONGZHI YU TONGBU FANGZHEN YANJIU

王贺元 著

策划编辑:杨粮菊

责任编辑:李定群　　版式设计:杨粮菊

责任校对:夏　宇　　责任印制:张　策

*

重庆大学出版社出版发行

出版人:饶帮华

社址:重庆市沙坪坝区大学城西路 21 号

邮编:401331

电话:(023)88617190　88617185(中小学)

传真:(023)88617186　88617166

网址:http://www.cqup.com.cn

邮箱:fxk@cqup.com.cn(营销中心)

全国新华书店经销

重庆华林天美印务有限公司印刷

*

开本:720mm×1020mm　1/16　印张:6.5　字数:112 千

2022 年 3 月第 1 版　　2022 年 3 月第 1 次印刷

ISBN 978-7-5689-3196-0　定价:49.00 元

前言

非线性是自然界中广泛存在的一种科学现象，事物之间的发展及其关系都是非线性的。非线性科学的研究范畴通常包括分岔（bifurcation）、混沌（chaos）、分形（fractal）及复杂性（complexity），而混沌是当前非线性科学研究中的最前沿问题。这一理论的内涵指的是复杂的确定性系统中存在着随机性和不可预测性，混沌理论的贡献在于可用简单的模型获得明确的非周期结果。它改变了人们以往的自然观。科学家们普遍认为，20 世纪科学有三大辉煌的成就，即相对论、量子论和混沌论。混沌理论的问世，很快就引起学界的广泛关注，并成为研究和解释混沌现象的有力工具。混沌理论起到了连接确定论与概率论两大科学体系的桥梁作用，揭开了现代科学发展的崭新篇章。

20 世纪 90 年代，混沌的应用进入一个崭新的阶段，混沌同步及混沌控制的研究在世界上有了实质性的进展。美国 Maryland 大学的物理学家 Ott，Grebogi，Yorke 提出的开创性的 OGY 控制方法被认为控制混沌的经典方法之一。而混沌同步则是由美国海军实验室的 Pecora 和 Carrol 提出的，使混沌同步首次应用在保密通信领域中。此外，Ditto 等在物理实验中第一次实现了对不动点的控制。这些伟大的开创性工作对混沌理论的应用起到了至关重要的推动作用。

混沌理论及其控制与同步方面的研究方兴未艾，如何将混沌研究硕果应用到实际生产生活中，能够为人类服务，成为非线性科学发展所面临的新挑战。近年来，混沌控制与同步方面的研究成果层出不穷。本书探讨几个典型混沌系统的混沌控制与同步问题，主要内容包括：

1. 系统的基本动力学行为及数值仿真。

2. 系统的全局稳定性分析。

3. 系统的全局指数跟踪。

4. 系统的全局指数同步及仿真研究。

本书探讨了化学混沌中的强迫布鲁塞尔振子系统的分歧和混沌等动力学行为及控制与同步仿真等相关问题。研究了 Willamowski-Rössler 化学系统的动力学行为及控制与同步仿真等相关问题。探讨了分数维激光系统的动力学行为及控制与同步仿真等相关问题，构造了超混沌激光系统，实现了带时滞的超混沌系统的同步问题，同时实现了分数维超混沌激光系统与整数维 Lorenz 系统的同步。探讨了地磁系统的动力学行为及其混沌控制与同步仿真等问题。

本书的特色如下：

1. 基于人们对非线性现象和混沌知识的认识有限，本书借助数值仿真的方法，直观、形象地描述几个混沌系统的运动特性与动力学行为及其演化历程。

2. 本书对在化学反应中混沌模型的研究结果进行了分析和概括，给出的强迫布鲁塞尔振子及 Willamowski-Rössler 化学系统的庞加莱截面、返回映射的数值仿真结果是其他文献中所没有的，这些结果佐证了系统的混沌行为。利用自适应同步控制方法，实现该系统的全局指数同步。化学混沌是关于化学反应过程演化的科学，它有助于促进人们对实际化学反应过程的研究与认识，以期相关研究成果能对相关领域的同行有所启发。

本书是作者主持国家自然科学基金“同轴圆筒间旋转流动的吸引子及混沌仿真与控制”（编号11572146）和辽宁省教育厅科学基金项目“旋流式反应系统的混沌仿真及其控制与同步研究”（编号L2013248）以及锦州市科技专项基金项目“化学反应系统的混沌仿真及控制与同步研究”（编号13A1D32）科研成果的结晶；以作者10多年来探讨和解决相关问题而完成的较为系统的理论和仿真结果为依托，具有系统性和原创性较强的内容体系；包含了作者在这一领域所取得的代表性研究成果，是作者相关科研工作的全面总结，特别是有关化学混沌方面的分析与论述较为系统，研究结果较为深刻。

本书的出版得到国家自然科学基金、辽宁省科技计划重点研发基金、沈阳师范大学学术文库及沈阳师范大学数学与系统科学学院的资助，在此表示衷心的感谢。

由于作者学识水平有限，书中疏漏与不足在所难免，诚挚期待读者批评指正。

王贺元

2021年7月

目录

第1章 绪论

1.1 混沌理论的起源与研究发展现状

混沌问题在19世纪末20世纪初,被庞加莱在研究三体问题时遇到。因此,庞加莱成为世界上最先了解混沌存在可能性的第一人。1963年,洛伦兹在研究气象预报的困难和大气湍流现象时,得到了著名的Lorenz系统,从而揭开了对混沌现象深入研究的序幕。

1971年,法国科学家罗尔和托根斯以数学的观点给出了Navier-Stokes方程产生湍流的机制,提出准周期路径进入混沌的道路,首次揭示了奇怪吸引子存在于相空间。这也是混沌理论最有力的发现之一。

1975年,美国数学家Yoke和他的研究生李天岩在论文“周期3则乱七八糟(Chaos)”中第一次引入了“混沌”这个名称。

1976年,美国生物学家May在对季节性繁殖昆虫的年虫口的模拟研究中,对混沌区域进行了深入的探讨,首次揭示了通过倍周期分岔达到混沌这一途径。使人们意识到,不规则现象也会在简单的、确定性的数学模型中。同年,Rössler提出了人们熟知的 Rössler 方程。

1977 年,第一次国际混沌大会的召开标志着混沌理论开始向国际化渗透。

1978 年,美国物理学家费根鲍姆在再次对 May 的虫口模型进行仿真计算时,发现了费根鲍姆常数,引起了数学物理界的广泛关注。与此同时,曼德尔布罗特提出了分形理论,进一步推进了混沌理论的研究。

1984 年,我国科学家郝柏林编撰的《混沌》一书在新加坡出版,这为混沌科学的发展起到了一定的推动作用。1986 年,在桂林召开中国第一届混沌会议。我国科学家徐京华提出了 3 种神经细胞的复合网络,并且证明它存在混沌,得到了与人脑脑电图相似的输出。1988 年,郝柏林和丁明洲通过对洛伦兹模型周期窗口进行系统的研究,得到了与反对称三次映射的关系。1989 年,郝柏林和郑伟谋在《现代物理国际杂志》上发表文章,抛弃了人工造作的"反谐波"和"谐波"概念,推广了星号组合率。这可以说是混沌理论近年来的重要进步。1989 年,卢侃、卢火和林雅谷在人脑脑电图的分维数上找到了与脑功能锻炼历史时间的回归方程,即林雅谷功能方程式。这为混沌维数找出了可行的方式。1994 年,谢法根和郝柏林在《Physica》A202 卷上发表论文,完全解决了具有多个临界点的一维连续映射的周期数目问题。

1990 年,美国马里兰大学 3 位物理学家 Ott,Grebogi,Yorke 共同发表了"控制混沌"的论文;同年,美国海军实验者 Carroll T. L. 和 Pecora L. M. 等首次提出了混沌系统中的同步现象。

在很早以前,混沌现象就在化学反应中被发现。19 世纪时,人们将碘化钾溶液加到含有硝酸银的胶体介质中时就发现,所得到的碘化银沉淀会形成一圈圈规则间隔的环这样一种周期沉淀现象;1873 年,李普曼报道了汞心实验,把汞放在玻璃杯中央,在汞附近置一铁钉,再把硫酸和重铬酸钾溶液注入杯中,发现汞球像心脏一样周期跳动;1921 年,布雷发现,在碘酸-碘水催化双氧水分解反应实验时,可看到该分解反应中氧的生成速率和溶液中碘的浓度都呈现出周期变化的现象。但是,受传统的经典热力学限制以及当时科学技术的局限,这些现象不能被人们解释,也未引起化学家的足够重视;后来,苏联化学家别洛乌索夫(Belousov)和生物学家札博京斯基(Zhabotinskiy)在化学反应中发现了化学振荡现象,称为 Belousov-Zhabotinskiy 反应,简称 B-Z;1981 年,普莫在 B-Z 反应中观察到了切分岔;1982 年,西莫依等观察了倍周期到混沌的过程,在每个实验中至少观察到 2 种或 3 种倍周期。随后,学者们在

B-Z反应中还观察到交替的周期-混沌序列。这种交替周期-混沌序列具有以下特点:序列是有限的,周期状态存在于相近的控制参数范围内;周期状态很简单,每个周期都有一个大幅度振荡,并有一个、两个或没有小幅度振荡,但不可预测;混沌态几乎是周期态的混合物;一个周期态变为混沌态的途径在大多数情况下并不确定,过渡可能通过倍周期或阵发产生;每个混沌状态可包含多个周期性的子间隔。B-Z反应是研究得最完全的化学振荡系统。只要不断地把化学物质泵入流通反应器,并不断地搅拌,该反应就可继续进行下去,但不是在平衡稳定态上。如果用力搅拌,系统基本均匀,于是可用一组耦合非线性常微分方程来模拟。例如,反应式

$$\mathrm{X} + \mathrm{Y} \underset{k_b}{\overset{k_f}{\longleftrightarrow}} \mathrm{E}$$

可用方程组表示为

$$\begin{cases} \dot{X} = -k_f XY + k_b E - r(X - X^0) \\ \dot{Y} = -k_f XY + k_b E - r(Y - Y^0) \\ \dot{E} = k_f XY - k_b E - rE \end{cases}$$

式中 X^0, Y^0——输到反应器的化学物质的初始浓度;

r——流量;

k_f, k_b——正向和反向的反应系数。

一般 N 种浓度为 X_i 的化学物质间的反应微分方程为

$$\frac{\mathrm{d}X_i}{\mathrm{d}t} = g_i(X_j) - r(X_i - X_i^0) \qquad i,j = 1,\cdots,N$$

式中,含有非线性项 X_i^0 和 X_iX_j。动力学行为中的过渡过程可当成流量的函数来研究。如果 $r\to 0$,系统接近热力学平衡状态;如果 r 很大,则化学物质来不及反应就流过反应器。因此,这里研究的是介于这两种极端情形之间的,并得到了B-Z反应中周期状态和混沌状态的相图,分析了庞加莱截面和映射等。

化学振荡是一种规则的周期运动现象。当条件发生变化时,振荡频率可能失去稳定,产生新的振荡频率;当条件进一步发生变化时,以新频率振荡的形态也将失稳,产生更新的振荡频率。也就是说,这是一个分叉过程,而且是逐级分叉,振荡频率会越来越多,系统的时间特性会变得十分复杂,最后走向混沌。化学振荡是开启

化学混沌的一把钥匙。化学混沌是指在化学体系中存在的混沌现象。化学混沌最主要的现象是化学振荡(规则的、周期性的化学变化)和化学湍流(不规则、非周期性的化学变化)。自20世纪50年代以来,化学振荡的应用日益广泛,其中在分析化学中应用较多。当体系中存在浓度振荡时,其振荡频率与催化剂浓度之间存在依赖关系。据此可测定作为催化剂的某些离子。例如,钌化合物在浓度为 10^{-7} mol/L 时,可催化氧化丙二酸的反应,使 B-Z 反应体系振荡频率增大,其振荡频率和钌的浓度之间存在简单的比例关系,从而可测定各种溶液中的钌;又如,在 B-Z 振荡反应体系中,引入微量 Cl^-,会阻抑振荡反应,使振荡反应的振幅减小,其减小值与氯离子浓度呈线性关系,可用于测定氯。此外,在化学振荡的基础上发展起来的电化学振荡广泛地用于理论研究和应用实践,在食品检测与控制、环境保护等领域具有广泛的应用前景。总之,关于化学振荡与化学混沌方面的研究方兴未艾。

随着对混沌研究的深入,一些新的混沌系统不断被发现。1999 年,陈关荣等研究了 Lorenz 系统的反控制问题,通过一个简单的线性反馈控制器,从而发现了一种与 Lorenz 类似但不拓扑等价的 Chen 系统;2001 年,吕金虎等用同样的方法发现了 Lü 系统;2002 年,吕金虎、陈关荣等又发现了统一混沌系统,统一混沌系统的本质是 Lorenz 系统和 Chen 系统的凸组合;2003 年,Liu 等提出了一类含有平方非线性项的三阶连续自治混沌的 Liu 系统;2007 年,褚衍东等也提出了一个类似 Lorenz 系统但也不拓扑等价的新混沌系统,并用电子电路实现了该系统。

近年来,陶朝海、陆君安和吕金虎对统一混沌系统的反馈同步进行了研究。2004 年,华中科技大学控制科学与工程系的廖晓昕教授获得了 Lorenz 混沌系统全局吸引集和正向不变集的新结果,并讨论了控制与同步的应用。2005 年,江明辉、沈轶和廖晓昕共同对统一混沌系统的非线性控制器进行了设计与分析。2007 年,蔡国梁等提出了一个新混沌系统,并对动力学行为进行了分析,同时对系统的混沌进行了控制。2012 年,李翔、冯平、王维俊、王海龙及张弛对一个新混沌系统

$$\begin{cases} \dot{x} = ax - dy + yz \\ \dot{y} = dx - by + xz \\ \dot{z} = y^2 - cz \end{cases}$$

的动力学行为、控制与同步进行了深入的讨论,并对系统进行了数值模拟,验证了该方法的有效性。同年,鞠培军、田力、孔宪明、张卫、刘国彩对统一混沌系统

$$\begin{cases}\dot{x} = (25\alpha + 10)(y - x) \\ \dot{y} = (28 - 35\alpha)x - xz + (29\alpha - 1)y \\ \dot{z} = xy - \dfrac{\alpha + 8}{3}z\end{cases}$$

的全局指数吸引集问题有了新结果。其结果在混沌控制和同步中得到了广泛应用。

著名的 Lorenz 方程起源于大气对流问题,所采用的低模分析方法,对 Navier-Stokes 方程和热传导方程进行傅里叶级数展开,截取活跃模态,得到三模的 Lorenz 系统。20 世纪后期,Franceschini V. 等在流动的有限模态分析方向上又进行了深入研究,将平面正方形区域 $T^2 = [0,2\pi] \times [0,2\pi]$ 上不可压缩的 Navier-Stokes 方程

$$\begin{cases}\dfrac{\partial u}{\partial t} + (u \cdot \nabla)u = -\nabla p + f + \nu\Delta u \\ \operatorname{div} u = 0 \\ \int_{T^2} u\mathrm{d}X = 0\end{cases}$$

(其中,u 为速度函数,f 为外力场函数,p 为流体之间的压力,ν 为动力黏性系数)进行傅里叶展开并截取其中的有限项,得出五模和七模或任意模的非线性微分方程组,讨论当雷诺数变化时方程组解的动力学行为。1988 年,Franceschini V. ,Inglese G. ,Tebaldi C. 在发表了三维空间上的有关 Navier-Stokes 方程五模截断的文章;1991 年,Franceschini V. 和 Zanasi R. 在三维空间上对此方程傅里叶展开,进行七模截断后得到 14 个非线性微分方程组成的方程组,随后又对这个复杂的非线性方程组的动力学行为进行了详细的讨论。

随着混沌理论越来越得到人们的重视,许多新的混沌系统不断地被众多学者发现与研究,如本书第 4 章、第 5 章要研究的激光系统,第 6 章要研究的地磁系统等。目前,分数阶混沌系统、时滞混沌系统、超混沌系统及随机混沌系统的动力学行为及其控制与同步仿真等相关问题是人们普遍关注的热点问题。

1.2 混沌、混沌控制和混沌同步的基础知识

1.2.1 混沌

1)混沌的定义

起初人们对混沌的不严格定义是:当一个系统如果同时具有对初始条件的敏感依赖性且还出现了非周期运动时,那么就认为该系统就是混沌的。

(1)Li-Yorke 定义

1975 年,李天岩(Li T. Y.)和约克(Yorke J. A.)给出了混沌的一种数学定义 Li-Yorke 定义。

设连续自然映射 $f:I\to I\subset R$,I 是 R 中的一个子区间,如果存在不可数集合 $S\subset R$ 满足:

①S 不包含周期点。

②任给 $X_1,X_2\in S(X_1\neq X_2)$,有

$$\lim_{t\to\infty}\sup|f^t(X_1)-f^t(X_2)|>0$$

$$\lim_{t\to\infty}\inf|f^t(X_1)-f^t(X_2)|=0$$

对任意 $f^t(\cdot)=f(f\cdots(f(\cdot)))$ 表示 t 重函数关系。

③任给 $X_1\in S$ 及 f 的任意周期点 $P\in I$,有

$$\lim_{t\to\infty}\sup|f^t(X_1)-f^t(P)|>0$$

则称 f 在 S 上是混沌的。

(2)Devaney 定义

1989 年,Devaney R. L. 给出了混沌的又一定义。

设 X 是一个度量空间,一个连续映射 $f:X\to X$ 称为 X 上的混沌,如果:

①f 是拓扑传递的。

②f 的周期点在 X 中稠密。

③f 具有对初始条件的敏感依赖性。

除了上述两个对混沌的定义之外,混沌的定义还有很多,但给出混沌的精确定义十分困难。因此,迄今为止,对混沌还没有一个统一的数学定义,仍处于研究中。

2)混沌的特征

混沌是确定非线性动力学系统中对初始条件具有敏感性的非周期有界动态行为。它具有以下主要特征:

(1)有界性

混沌是有界的,它的运动轨迹始终局限于一个确定的区域,该区域称为混沌吸引域。无论混沌系统内部多么不稳定,它的轨迹都不会走出混沌吸引域。因此,从整体上说,混沌系统是稳定的。

(2)遍历性

混沌运动在其吸引域内是各态经历的,即在有限的时间内混沌轨道经过混沌区内每一个状态点。

(3)随机性

混沌系统是由确定性系统产生的不确定性行为,具有内在随机性,与外部因素性无关。尽管系统的规律是确定性的,但它的动态行为难以确定,在它的吸引子中任意区域概率分布密度函数不为零,这就是确定性系统产生的随机性。实际上,混沌的不可预测性和对初值的敏感性导致混沌的内在随机性性质,同时也就说明混沌是局部不稳定的。

(4)分维性

分维性是指混沌的运动轨道在相空间中的行为特征。维数是对吸引子几何结构复杂程度的一种定量描述。分维性表示混沌运动状态具有多叶多层结构,且叶层越分越细,表现为无限层次的自相似结构。

(5)标度性

标度性是指混沌运动是无序中的有序态。其有序可理解为只要数值或实验设备精确度足够高,总可在小尺度混沌区内看到其中有序的运动花样。

(6)普适性

普适性是指不同系统在趋向混沌态时所表现出来的某些共同的特征。它不依赖于具体的系统方程或参数而变。具体表现为几个混沌普适常数,如著名的 Feigenbaum 常数。普适性是混沌内在规律的一种体现。

(7)混沌敏感的依赖于初始条件

拉伸和折叠特性是形成敏感依赖初始条件的内在机制。拉伸是指系统内部的局部不稳定所引起的点之间距离的扩大;折叠是指系统在整体稳定因素作用下形成的对点与点之间距离的限制。经过多次拉伸与折叠,轨道扰乱,从而形成混沌。混沌具有局部不稳定而整体稳定的特征,因此混沌区域是有界的。但是,任意小的初始值的差别会导致其以后状态完全不同。

(8)正的 Lyapunov 指数

它是对非线性映射产生的运动轨道相互之间趋近或分离的整体效果进行定量刻画。它表明轨道在每个局部都是不稳定的。相邻轨道信息量丢失越严重,其混沌程度越高。

3)化学混沌的特点

化学混沌与传统经典热力学相比是一种非平衡、非线性、宏观上无序的均匀态,具有以下 4 个特点:

(1)时空微观有序而宏观无序

平衡态是熵最大状态,即最无序状态,是分子水平上的无序,微观上的无序。混沌只有在远离平衡态时才会出现,是由一种时空宏观有序的耗散结构失去稳定性而出现的宏观上无序的现象。

(2)局域不稳定而整体稳定

对于孤立体系而言,平衡态是稳定的状态。化学混沌是体系处于非平衡的非线性区的一种无序的均匀态,在局域范围内不稳定而整体稳定,具有某种“随机性”,这就是混沌运动。

(3)敏感初始条件

真实的化学过程初始条件的微弱差异会引起结果巨大不同的化学混沌过程,即化学混沌对初始条件是敏感的,这就是化学上的“蝴蝶效应”。

(4)分数维的空间结构

化学混沌的空间结构也是无限可分的,具有分数维的空间结构。

4)通向混沌的道路

(1)倍周期分岔进入混沌道路

系统运动变化的周期行为是一种有序的状态。它在一定的条件下,系统经过倍周期分岔,就会逐步丧失周期行为而进入混沌。周期加倍增加,最后进入混沌的过程,称为倍周期分岔。它是通向混沌的主要道路之一。

(2)阵发混沌道路

阵发混沌是非平衡非线性系统进入混沌的又一条道路。阵发混沌是指系统从有序向混沌转化时,在非平衡非线性条件下,当某些参数的变化达到某一临界阈值时,系统的时间行为忽而周期(有序)、忽而混沌,在两者之间振荡。有关参数继续变化时,整个系统将由阵发混沌发展成为混沌。

(3)茹厄勒-塔肯斯道路

当系统内有不同频率的振荡相互耦合时,系统就会产生一系列新的耦合频率的运动而导致混沌。茹厄勒和塔肯斯等认为,不需要出现无穷多个频率的耦合现象,甚至出现3个相互不可公度的频率,系统就会出现混沌,这就是茹厄勒-塔肯斯道路。

(4)周期和混沌的交替出现

假如在化学反应中,为了使反应达到定态,则要求以不同速率向体系输入反应物或输出产生物,这时就会出现完全不同的情况。最典型的例子就是B-Z反应。这个化学反应出现的现象,称为化学振荡或化学钟。有时,实验也会观察到非周期的过程,如各种类型的分岔和混沌行为。实践中,人们还把“周期和混沌的交替出现”列为一条新的通向湍流的道路,这就是通常所说的化学湍流。实验还发现,在某些条件下,成分的浓度在空间上也很不均匀,呈现出很多漂亮的花纹,像波一样在介质中传播,这十分类似于生物体中的生物振荡和生物形态现象。这种浓度变化的不规则性,并非由实验条件的不确定性或测量仪器的不准确性所致,而完全是由系统内部反应动力学机理所决定的。

然而,科学家还得出了“条条道路通混沌”的结论。

1.2.2 混沌控制

混沌控制方法如下:

1)OGY 控制法

OGY 控制法是一种比较有效地控制混沌运动的方法。给混沌系统的参数施加含时小扰动,把期望的那个不稳定周期轨道稳定住,使系统处于不动点或作有规律的周期运动,即达到控制混沌的目的。

2)线性和非线性反馈方法

利用 Lyapunov 理论,将系统稳定到不动点或周期轨道。

3)自适应控制法

自适应控制法是利用差信号调节系统的控制参量,逐步使实际输出量与预定的目标输出量的差值趋近于零。

4)延迟反馈控制法

延迟反馈控制法简称 DFC 法,是利用系统输出信号的一部分通过延迟时间再反馈到系统中。

除了上述混沌外,混沌控制方法还有很多。控制的应用领域广泛,因此,具有巨大的应用前景。

1.2.3 混沌同步

混沌同步方法如下:

1)驱动-响应的同步方法

此方法是由佩卡拉和卡罗尔首先提出的,并给出了同步的定理:只有当响应系统的所有条件李雅普诺夫指数都为负值时,才能达到响应系统与驱动系统的同步。

2)主动-被动的同步方法

考卡莱夫和帕里兹对驱动-响应方法的不足之处所提出的一种改进的拆分方法,即主动-被动分解法。相应的同步类型,称为主动-被动的同步方法。

3)变量反馈控制的同步方法

这种方法的原理:通过反馈差信号的调节作用,响应系统的演化轨道逐渐靠近驱动系统的目标轨道,直到达到重合。

第2章 化学反应系统的动力学行为及同步的仿真

2.1 化学反应系统的动力学行为

2.1.1 化学反应系统的总结

1958年别洛索夫(Belousov)发现,在由溴酸钾($KBrO_3$)、丙二酸[$CH_2(COOH)_2$]、硫酸铈[$Ce(SO_4)_2$]与硫酸的混合溶液中,生成物的颜色一会儿呈红色(有过量的Ce^{3+}离子),一会儿又呈蓝色(有过量的Ce^{4+}离子)。如此反复变化表明,在金属铈离子催化下,丙二酸(或柠檬酸)被溴酸(溴酸盐加硫酸)氧化时出现振荡。但是,当时许多化学家对化学反应出现振荡认为难于理解,从而使别洛索夫的工作遭到冷遇。直到1964年,扎博金斯基发现在此反应中铈催化剂可用锰或试亚铁灵代替,而且振荡还呈现空间有序结构:周期花样和螺旋波花样,这种化学振荡现象才被肯定,此反应即被命名为B-Z反应。

当化学反应中的一些混沌现象被人们发现以后,关于化学反应中混沌模型的理论分析以及实验研究成为国内外学者们研究的重要课题。

费尔德等对 B-Z 反应的振荡性质提出一个理论模型,称为俄勒冈振子。令 $X=[HBrO_2]$,$Y=[Br^-]$,$Z=2[Ce^{4+}]$,$A=[BrO_3^-]$,$P=[HBrO_2]$,将 B-Z 反应式表示为

$$A+Y\xrightarrow{k_1}X+P$$

$$A+Y\xrightarrow{k_2}P$$

$$A+X\xrightarrow{k_{34}}2X+2Z$$

$$2X\xrightarrow{k_5}P+A$$

$$Z\xrightarrow{k_6}fY$$

设反应是在恒温恒压和均匀情况下进行的,故可忽略压强和扩散的影响。于是,根据质量作用定律,写出上式的反应速率方程为

$$\frac{\mathrm{d}X}{\mathrm{d}t}=k_1AY-k_2XY+k_{34}AX-2k_5X^2$$

$$\frac{\mathrm{d}Y}{\mathrm{d}t}=-k_1AY-k_2XY+k_6fZ$$

$$\frac{\mathrm{d}Z}{\mathrm{d}t}=2k_{34}AX-k_6Z$$

又将上式化为无量纲方程组

$$\varepsilon\frac{\mathrm{d}x}{\mathrm{d}\tau}=k_1AY-k_2XY+k_{34}AX-2k_5X^2$$

$$\frac{\mathrm{d}y}{\mathrm{d}\tau}=2fz-y-xy$$

$$p\frac{\mathrm{d}z}{\mathrm{d}\tau}=x-z$$

首先求出上面无量纲方程组的定态解(x_0,y_0,z_0),即

$$\left.\begin{aligned}x_0=z_0=\frac{1}{2q}\{1-2f-q+[(1-2f-q)^2+4q(1+2f)]^{\frac{1}{2}}\}\\ y_0=\frac{1}{2}(1+2f-qx_0)\end{aligned}\right\}$$

令

$$\left.\begin{aligned} u &= x - x_0 \\ v &= y - y_0 \\ w &= z - z_0 \end{aligned}\right\}$$

得到线性化方程组

$$\frac{\mathrm{d}}{\mathrm{d}\tau}\begin{pmatrix} u \\ v \\ w \end{pmatrix} = \begin{pmatrix} -a\varepsilon^{-1} & -b\varepsilon^{-1} & 0 \\ -c & -d & 2f \\ p^{-1} & 0 & -p^{-1} \end{pmatrix}\begin{pmatrix} u \\ v \\ w \end{pmatrix}$$

式中

$$\left.\begin{aligned} a &= -1 + 2qx_0 + y_0 = qx_0 + y_0 x_0^{-1} > 0 \\ b &= x_0 - 1 > 0(q < 1) \\ c &= y_0 > 0 \\ d &= x_0 + 1 > 0 \end{aligned}\right\}$$

本征值方程为

$$\lambda^3 + \alpha\lambda^2 + \beta\lambda + \gamma = 0$$

其中

$$\left.\begin{aligned} \alpha &= a\varepsilon^{-1} + d + p^{-1} = E + p^{-1} \\ \beta &= ad\varepsilon^{-1} + dp^{-1} + ap^{-1}\varepsilon^{-1} - bc\varepsilon^{-1} = Ep^{-1} + \varepsilon^{-1}[2qx_0^2 + (q-1)x_0 + 2f] \\ \gamma &= \varepsilon^{-1}p^{-1}(ad - bc + 2fb) = \varepsilon^{-1}p^{-1}(2qx_0 + q + 2f - 1)x_0 \\ E &= \varepsilon^{-1}y_0 + (1 + 2q\varepsilon^{-1})x_0 + 1 - \varepsilon^{-1} = q\varepsilon^{-1}x_0 + \varepsilon^{-1}y_0x_0^{-1} + x_0 + 1 > 0 \end{aligned}\right\}$$

因为振荡(极限环和混沌)解要求定态是不稳定的,这就要求本征值方程的特征根至少有一个具有正实部。根据罗斯-霍维兹判据,本征值方程的所有根都具有负实部的充要条件为

$$\alpha > 0, \quad \alpha\beta - \gamma > 0$$

要定态不稳定,至少上两式有一不成立。由本征值方程里的 α 可知,$\alpha > 0$ 是成立的。因此,必须要求 $\alpha\beta - \gamma < 0$。

由此得不稳定的必要条件为

$$0 < p^{-1} < -\frac{1}{2E}[E^2 + 2f\varepsilon^{-1}(1 - x_0)] + \frac{1}{2E}\left\{[E^2 + 2f\varepsilon^{-1}(1 - x_0)]^2 - 4E^2\varepsilon^{-1}[2qx_0^2 + (q-1)x_0 + 2f]\right\}^{\frac{1}{2}}$$

上式成立要求右边必须是正的，即

$$2qx_0^2 + (q-1)x_0 + 2f < 0$$

因此，不稳定的临界条件为

$$2qx_0^2 + (q-1)x_0 + 2f_c = 0$$

综上，可求得 f 的两临界值 $f_{c1} \approx 0.25$ 和 $f_{c2} \approx 1.206$。因此，满足定态解不稳定条件中 f 值为

$$0.25 < f < 1.206$$

如果再考虑 $[BrO_3^-]$ 也可适当变化，则 A 和 p 也可看成可调节的参数。这样，由不稳定条件可得临界情形下 p 和 f 的关系为

$$p^{-1} = -\frac{1}{2E}[E^2 + 2f\varepsilon^{-1}(1-x_0)] + \frac{1}{2E}\{[E^2 + 2f\varepsilon(1-x_0)]^2 - 4E^2\varepsilon^{-1}[2qx_0^2 + (q-1)x_0 + 2f]\}$$

定态不稳定只是存在振荡解的必要条件，还不是充分条件，因解的轨迹还可能延伸至无穷远处而不形成极限环，故还须进一步分析判断。后来发现，轨线只可能在捕捉区中振荡并形成吸引子。

在 20 世纪 70 年代前期，混沌理论还不完善，也未为人们普遍认识。费尔德等认为，B-Z 反应的振荡解就是周期振荡。这当然是片面的，因上面的分析并没有排除混沌的存在。

特纳和罗克斯等在用实验证实了 B-Z 反应可出现混沌的同时，也对费尔德和诺意斯的模型提出了修改。他们认为，俄勒冈振子中的反应式应是可逆的，即

$$A + Y \underset{k_{-1}}{\overset{k_1}{\rightleftharpoons}} X + P$$

$$A + Y \underset{k_{-4}}{\overset{k_2}{\rightleftharpoons}} 2P$$

$$A + X \underset{k_{-4}}{\overset{k_3}{\rightleftharpoons}} 2X + Z$$

$$2X \underset{k_{-4}}{\overset{k_4}{\rightleftharpoons}} A + P$$

$$Z \underset{k_{-5}}{\overset{k_5}{\rightleftharpoons}} fY$$

相应的速率方程为

$$W_1 = k_1AY - k_{-1}XP$$

$$W_2 = k_2XY - k_{-2}P^2$$

$$W_3 = k_3AX - k_{-3}X^2Z$$

$$W_4 = k_4X^2 - k_{-4}AP$$

$$W_5 = k_5Z - k_{-5}Y$$

由此得到有关变量变化的微分方程组

$$\dot{X} = W_1 - W_2 + W_3 - 2W_4 - \frac{X}{\tau}$$

$$\dot{Y} = - W_1 - W_2 + W_5 - \frac{Y}{\tau}$$

$$\dot{Z} = W_3 - W_5 - \frac{Z}{\tau}$$

$$\dot{P} = W_1 + 2W_2 + W_4 - W - \frac{P}{\tau}$$

经过上式计算得到的结果与预示混沌的存在性与实验的结果大体一致。但是，罗克斯等也发现，B-Z 反应中的混沌是周期与混沌交替出现的。

1994 年，张锁春较全面地叙述了 Belousov-Zhabotinsky 反应中混沌的实验和模拟研究的过程。首先简单地介绍了 Belousov-Zhabotinsky 反应的一些早期工作；其次讲述了此反应混沌实验前的基本理论和实验的准备工作；再次总结了混沌实验的主要结果及最新结论；最后概述了在理论、模型和仿真方面所获得的结果。

1995 年，张锁春对俄勒冈振子的 Hopf 分歧类型进行了论证。将 HKW 法、近似方法和数值计算结合在一起，并进行了较为全面的研究。证明了俄勒冈振子的 Tyson模型出现的 Hopf 分岔，在第一分岔点上是亚临界的，而在第二分岔点上是超临界的。但是，这两个分岔点却与 Field-Noyes 模型的两个分岔点（两点均为亚临界点）不同。

2003 年，张子范和张锁春又详细地分析了三维俄勒冈振子 Tyson 模型的正定态和 Hopf 分岔以及分岔之后周期解的存在性问题。通过讨论三维模型与简化之后的二维模型之间轨线结构的拓扑等价关系，验证了将三维模型化简为二维模型进行讨论的有效性。

2004 年，卫国英、蒋文和罗久里共同得出铂电极 B-Z 反应的六变量高维动力学系可在一定情况下化简成三变量动力学体系这一结论，而且还较全面地分析了此体系的动力学行为。经过研究证明,在变化耦合系统的外控参数前提下,把体相维持在均一不变状态的参数范围里,电极反应相或许能进入振荡区,而出现电极反应相和体相在动力学行为上的不一致性。进一步推算了当体相处于非振荡区时,电极反应相发生电化学振荡的外控参数范围。

2007 年,柴俊和张正娣对一类三变量 CSTR 化学反应体系的动力学行为进行了分析。用数值仿真的办法研究了当系统参数发生变化时,定态会随之改变的过程。给出了各种各样的分岔行式以及转迁集。研究发现,系统的定态会经过 Hopf 分岔而出现周期振荡的现象,进而由倍周期分岔发生混沌。结合 CSTR 反应釜的发生过程,概述了当改变入料溶液里每个成分的比例量,整个化学体系中的反应系数以及反应速率会由稳定状态发生周期性改变,最终变化为出现无规则性的化学振荡。

2008 年,李勇通过采用非线性理论的分析方法,研究了 B-Z 化学反应系统的复杂原理,探讨了当改变物理参数或初始条件等各种要素时对系统和耦合状态时的动力学行为的一些影响,进一步揭示了系统的复杂运动实质,分析了混沌系统的控制与同步问题。

2011 年,江成瑜对 Belousov-Zhabotinskii 反应模型的复杂行为进行了分析。通过中心流形定理和分岔理论研究了 B-Z 化学反应体系中的三变量模型以及被改进以后的四变量 Oregonator 模型的非线性动力学行为,包括系统的定态及其稳定性分析。在理论上严谨地验证了系统的 Hopf 分岔,并且通过分析系统定点的分岔,揭示了 B-Z 反应系统产生振荡现象的原因:分别是定点发生了亚临界霍普夫分岔和超临界霍普夫分岔。同时,利用 Matlab 软件对系统进行了的数值仿真,证明了理论分析的有效性。

2012 年,李蒙蒙采用常微分方程的定性和稳定性理论、中心流形定理、局部分支理论及高阶调和平衡方法等非线性动力学的相关理论,探讨了 Belousov-Zhabotinsky 化学振荡反应体系中一类化学模型的复杂非线性行为,从理论上严谨地研究了系统是否存在定点、系统的稳定性及其定点的局部分支等相关问题,主要包括利用霍普夫分支的时域分析以及频域分析两种方法严格地验证了系统的定点何时存在霍普夫分支,进一步揭示了这一类化学反应中产生振荡的原因;通过利用二阶调和平衡方法定量地推算出由霍普夫分支所产生的极限环的振幅及其频率,得出了极限环的近似解析表达式;通过 Matlab 软件进行数值仿真,验证了理论分析结果的有效性,而且还发现了在这一类模型中其他较为复杂的混沌现象。

直到现在,人们对 B-Z 反应的研究仍在进行中。我们尝试对 B-Z 反应模型的动力学行为进行数值仿真,但由于系数之间不在同一量级上(系数之间存在多尺度),用常用方法难以解决,因此,放弃了仿真。

2.1.2 Willamowski-Rössler 化学系统与化学混沌

人们很早就发现化学反应中存在混沌现象,化学混沌作为混沌学的一个重要分支,已经越来越被人们所关注和重视。所谓化学混沌,是指在化学反应中某些组分的宏观浓度不规则地随时间变化的现象。这种不规则性与实验条件和仪器误差无关,是由其内部反应机理所决定的。事实上,绝大多数的化学反应速率方程都是非线性的。因此,化学反应出现振荡(周期的或混沌型的)是不足为奇的。1921 年,Bray 就发现 H_2O_2 被 I_2-HIO_3 催化分解的反应中出现振荡。1958 年,别洛索夫发现,由溴酸钾[$KBrO_3$]、丙二酸[$CH_2(COOH)_2$]、硫酸铈[$Ce(SO_4)_2$]与硫酸的混合液中,生成物交替出现红色和蓝色。1964 年,扎博金斯基用锰或试亚铁灵代替催化剂铈,从而发现了著名的 B-Z 振荡反应。1973 年,Ruelle 首次在化学反应中发现浓度随着时间作不规则的非周期变化。迄今为止,已在 B-Z 反应体系中及许多化学反应体系中发现了化学混沌。

自化学混沌被发现以来,其在各领域的应用也日益广泛,主要应用在分析化学中。在化学体系中存在浓度振荡时,根据振荡频率与催化剂浓度间的依赖关系,可检测一些作为催化剂的离子。此外,化学混沌在食品安全检测、临床医学等领域具有很大的应用前景。因此,探讨化学混沌系统的动力学行为是十分有意义的。

Willamowski 和 Rössler 第一次提出由化学反应机理产生的化学混沌模型。其反应机理为

$$A_1 + X \underset{k_{-1}}{\overset{k_1}{\rightleftharpoons}} 2X$$

$$X + Y \underset{k_{-2}}{\overset{k_2}{\rightleftharpoons}} 2Y$$

$$A_5 + Y \underset{k_{-3}}{\overset{k_3}{\rightleftharpoons}} A_2$$

$$X + Z \underset{k_{-4}}{\overset{k_4}{\rightleftharpoons}} A_3$$

$$A_4 + Z \underset{k_{-5}}{\overset{k_5}{\rightleftharpoons}} 2Z$$

式中　A_1, A_4, A_5——初始反应物；

A_2, A_3——最终产物。

在该开放系统中，$A_1, \cdots, A_5$ 的浓度保持不变，以使系统处于非平衡状态。在空间均匀、恒温的条件下，由质量守恒定律，X，Y 和 Z 的浓度 x, y, z 的变化可由动力学方程来描述，即

$$\begin{cases} \dfrac{\mathrm{d}x}{\mathrm{d}t} = k_1 x - a x^2 - k_2 x y + b y^2 - k_4 x z + d \\ \dfrac{\mathrm{d}y}{\mathrm{d}t} = k_2 x y - b y^2 - k_3 y + c \\ \dfrac{\mathrm{d}z}{\mathrm{d}t} = -k_4 x z + k_5 z - e z^2 + d \end{cases}$$

式中　k_i——反应速率，大于零的常数。

Willamowski-Rössler 化学模型变量需满足特定的化学条件

$$x > 0, \quad y > 0, \quad z > 0$$

该化学反应体系存在的复杂动力学行为是由其内部反应机理所决定的，与实验所处条件及仪器误差无关。

本书将在第 3 章对该系统进行详细的数值仿真，并讨论其控制与同步的问题。

2.2　强迫布鲁塞尔振子

化学反应中的另一个混沌模型——强迫布鲁塞尔振子，在理论上非常有助于人们对非线性微分方程中的分岔以及混沌行为的认识，有利于学者们对化学反应过程、流体力学、振荡电路等研究，引起学术界的高度重视。许多学者在该系统的理论方面做了大量的工作，相关文献非常丰富。最初，富田和久等在研究强迫布鲁塞尔

振子这个模型时发现了一个混沌区和若干周期轨道。但是,整个工作基本上是在 Feigenbaum 发现普适性所引起"混沌"热潮之前完成的。许多新提出的问题在强迫布鲁塞尔振子上得不到回答,才使人们有深入研究这一模型的必要。目前,人们对系统强迫布鲁塞尔振子的研究进展如下:1983 年,王光瑞、陈式刚和郝柏林发现了强迫布鲁塞尔振子的阵发混沌;1984 年,王光瑞、张淑誉和郝柏林研究了强迫布鲁塞尔振子的普适序列;同年,王光瑞和郝柏林发现了强迫布鲁塞尔振子中从准周期运动到混沌态的过渡;1997 年,孙鹏发表了周期小扰动对强迫布鲁塞尔振子混沌行为的控制等。但是,对强迫布鲁塞尔振子的混沌控制与同步问题很少有文献涉及。

下面主要通过数值仿真结果,揭示并再现强迫布鲁塞尔振子混沌行为的普适特征,特别是给出的庞加莱截面、返回映射等结果是其他文献中没有的,这些结果佐证了系统的混沌行为。同时,利用驱动-响应同步方法,应用自适应同步控制方法实现该系统的全局指数同步,并用 Lyapunov 方法和数值仿真验证了其同步方法的有效性。

2.2.1 强迫布鲁塞尔振子的描述

强迫布鲁塞尔振子最早是由比利时化学家普利高津等为了描述振荡化学反应而提出的,后来布鲁塞尔学派提出了具有周期受迫作用的三分子模型,称为强迫布鲁塞尔振子。其具体形式为

$$\begin{cases} \dfrac{dx}{dt} = A - (B+1)x + x^2 y + \alpha\cos\omega t \\ \dfrac{dy}{dt} = Bx - x^2 y \end{cases} \tag{2.1}$$

式中 A, B, α, ω——系统的参数。

式(2.1)是一个二维非自治的一阶常微分方程组。

引入两个新变量 z 和 u 后,可写成自治形式

$$
\begin{cases}
\dfrac{dx}{dt} = A - (B+1)x + x^2y + \alpha z \\
\dfrac{dy}{dt} = Bx - x^2y \\
\dfrac{dz}{dt} = -\omega u \\
\dfrac{du}{dt} = \omega z
\end{cases} \tag{2.2}
$$

式中，A，B，α 均是正常数，ω 是变化的参数。

2.2.2　强迫布鲁塞尔振子动力学行为的数值仿真

取 $A=0.4$，$B=1.2$，$\alpha=0.12$，系统(2.2)具有混沌现象，故以此为仿真参数进行动力学行为的数值仿真。经计算可得以下结论：

①当 $\omega<0.13\cdots$ 时，数值计算表明系统(2.2)是稳定的(见图 2.1)。

②当 $0.13\cdots\leqslant\omega<0.65\cdots$ 时，系统(2.2)是不稳定的。此时，生成不稳定的极限环(见图 2.2—图 2.3)，并且轨线的条数随 ω 的增大而逐渐增多(见图 2.4)，最终在 $\omega=0.85\cdots$ 生成奇怪吸引子(见图 2.5—图 2.6)，这是一种阵发性混沌。

③当 $\omega>1.05\cdots$ 时，系统发生滞后现象，极限环、拟周期和奇怪吸引子并存(见图 2.7—图 2.8)。

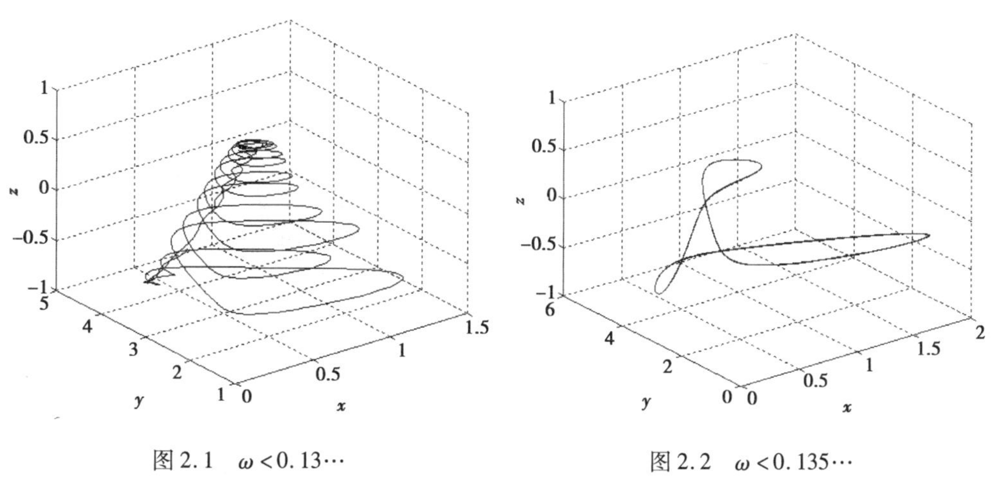

图 2.1　$\omega<0.13\cdots$　　图 2.2　$\omega<0.135\cdots$

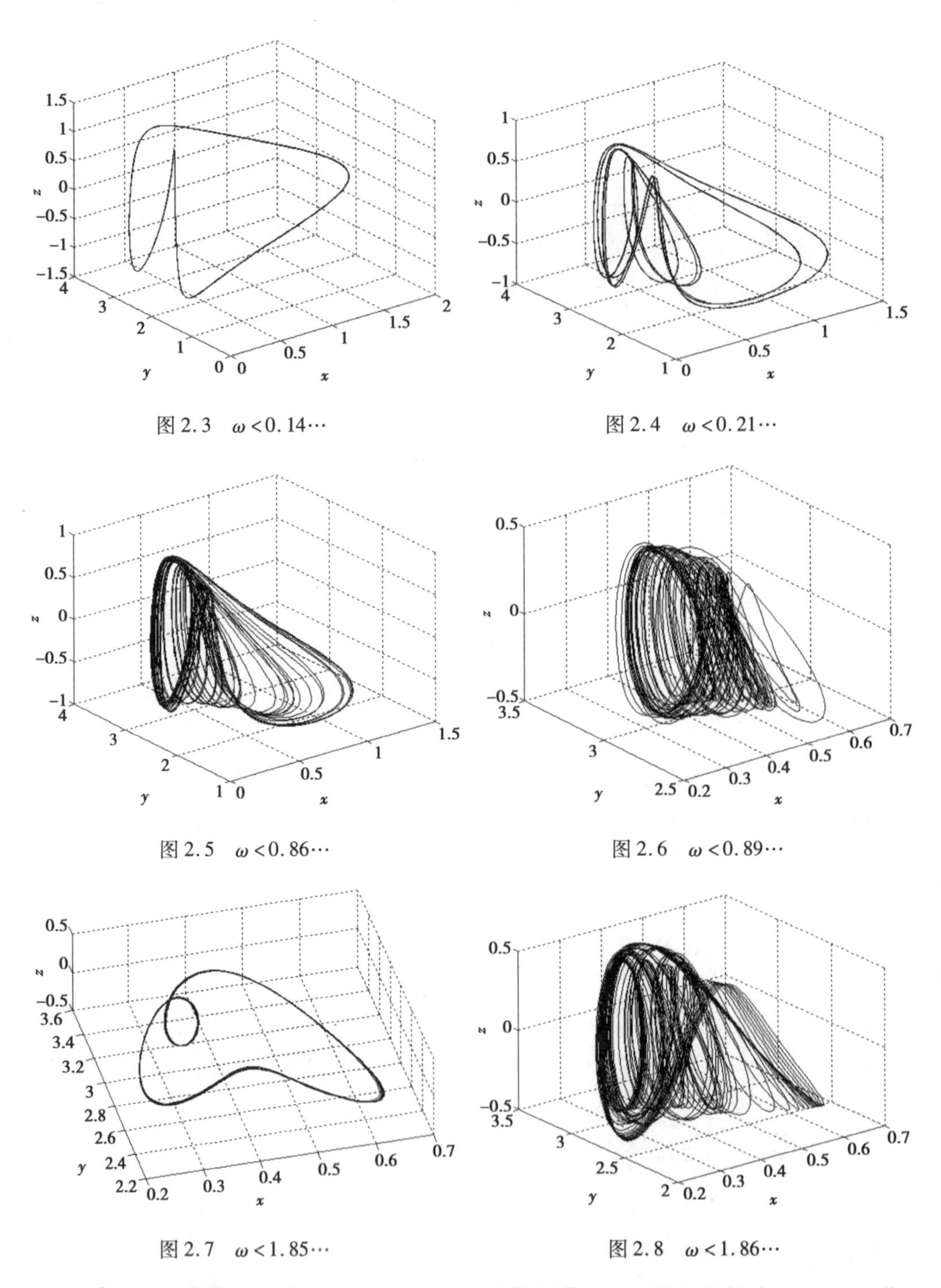

图 2.3　$\omega<0.14\cdots$

图 2.4　$\omega<0.21\cdots$

图 2.5　$\omega<0.86\cdots$

图 2.6　$\omega<0.89\cdots$

图 2.7　$\omega<1.85\cdots$

图 2.8　$\omega<1.86\cdots$

④图 2.9 给出了系统的最大 Lyapunov 指数图像,可通过它的最大 Lyapunov 指数大于零来判断它的混沌现象。其中,可观察到有正的 Lyapunov 指数,说明有混沌

现象。如图2.10所示为系统关于状态变量x的分岔图。从两图像都可看出系统的混沌现象从发生到终止的全过程,而且正的Lyapunov指数与分岔图中的混沌区是一致的。

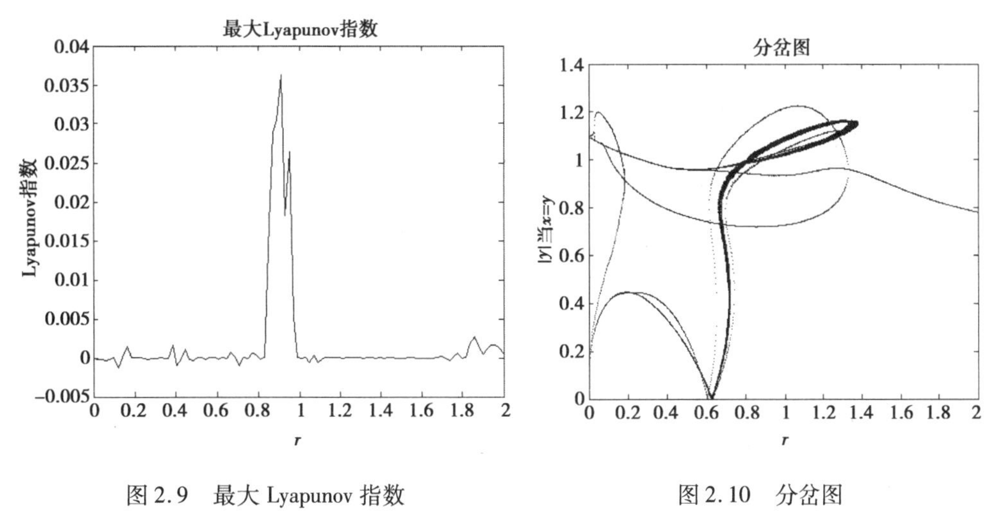

图2.9 最大Lyapunov指数　　图2.10 分岔图

⑤图2.11—图2.12是当$\omega=0.9$时系统的功率谱、时间系列。它们均显示了系统的混沌特征。

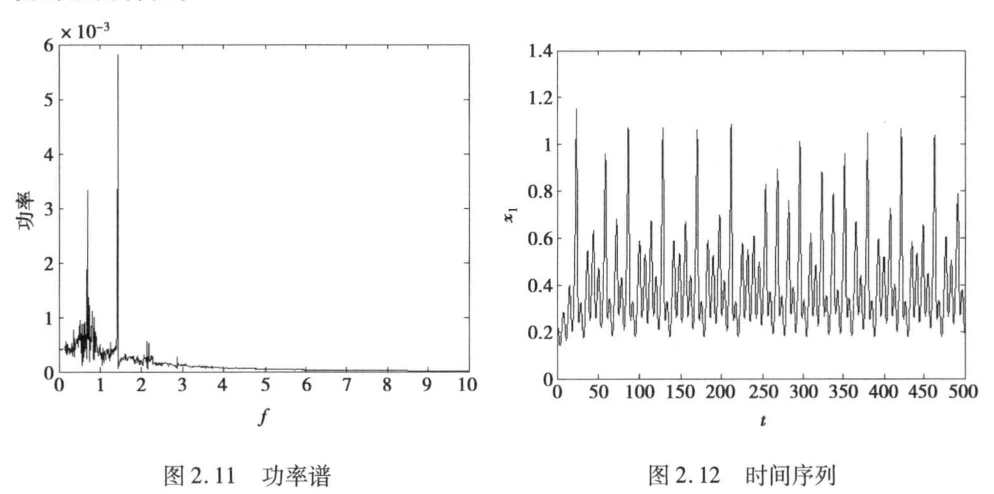

图2.11 功率谱　　图2.12 时间序列

⑥庞加莱截面法。若庞加莱截面上是一不动点或有限个点,则是周期运动;若庞加莱截面上是一闭曲线,则是拟周期的。如果庞加莱截面上有一片密集的点,则是混沌的。如图2.13所示为当$\omega=0.9$时系统的庞加莱截面。图中可看到有许多密集的点,说明了系统的混沌现象。

⑦返回映射法。返回映射是离散的点,切线斜率大于1,则说明模型混沌。如图

2.14 所示为当 $\omega=0.9$ 时系统的返回映射。图中显示了此系统的混沌特征。

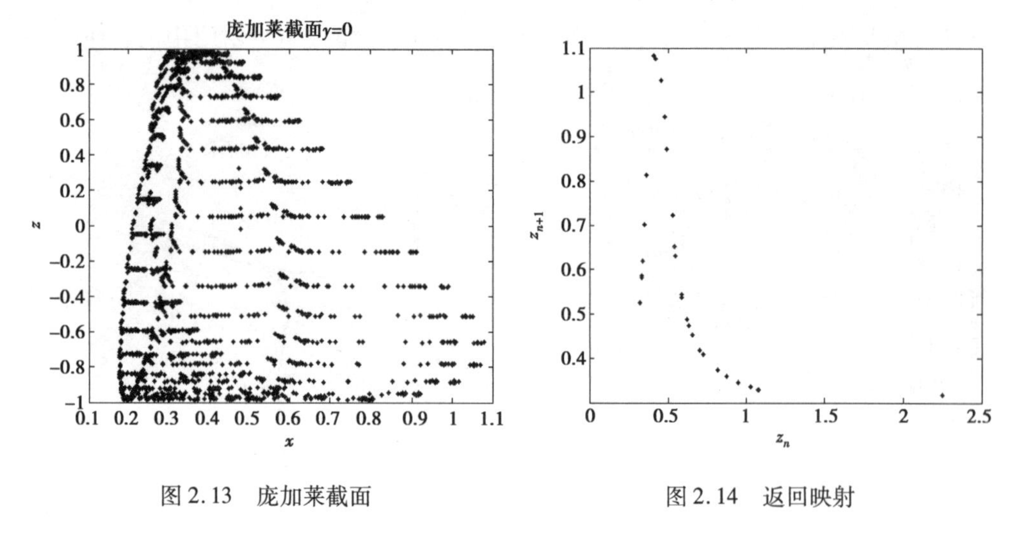

图 2.13　庞加莱截面　　　　图 2.14　返回映射

2.3　强迫布鲁塞尔振子的全局指数同步及仿真

下面讨论系统(2.2)的全局指数同步,并对其进行数值仿真。

2.3.1　系统的全局指数同步

利用同步定义,可得到下面驱动系统的变量(用下标“1”标注)和相应响应系统的变量(用下标“2”标注)。

驱动系统为

$$\begin{cases}\dfrac{dx_1}{dt}=A-(B+1)x_1+x_1^2y_1+\alpha z_1\\ \dfrac{dy_1}{dt}=Bx_1-x_1^2y_1\\ \dfrac{dz_1}{dt}=-\omega u_1\\ \dfrac{du_1}{dt}=\omega z_1\end{cases}\tag{2.3}$$

于是,相应的响应系统可表示为

$$\begin{cases}\dfrac{dx_2}{dt}=A-(B+1)x_2+x_2^2y_2+\alpha z_2+\mu_1(e_x,e_y,e_z,e_u)\\[2ex]\dfrac{dy_2}{dt}=Bx_2-x_2^2y_2+\mu_2(e_x,e_y,e_z,e_u)\\[2ex]\dfrac{dz_2}{dt}=-\omega u_2+\mu_3(e_x,e_y,e_z,e_u)\\[2ex]\dfrac{du_2}{dt}=\omega z_2+\mu_4(e_x,e_y,e_z,e_u)\end{cases}\tag{2.4}$$

式中　μ_1,μ_2,μ_3,μ_4——要设计的控制函数。

令 $\boldsymbol{e}^{\mathrm{T}}=(e_x,e_y,e_z,e_u)$,$e_x=x_2-x_1$,$e_y=y_2-y_1$,$e_z=z_2-z_1$,$e_u=u_2-u_1$,则由式(2.4)减去式(2.3)即得受控的误差动力系统,可表示为

$$\begin{cases}\dot{e}_x=-(B+1)e_x+x_2^2e_y-2x_1^2y_1-e_x^2y_1+2x_1y_1e_x+\alpha e_z+\mu_1(e_x,e_y,e_z,e_u)\\[1ex]\dot{e}_y=Be_x-(x_2^2e_y-2x_1^2y_1-e_x^2y_1+2x_1y_1e_x)+\mu_2(e_x,e_y,e_z,e_u)\\[1ex]\dot{e}_z=-\omega e_u+\mu_3(e_x,e_y,e_z,e_u)\\[1ex]\dot{e}_u=\omega e_z+\mu_4(e_x,e_y,e_z,e_u)\end{cases}\tag{2.5}$$

其目标是设计有效的控制器$(\mu_1,\mu_2,\mu_3,\mu_4)^{\mathrm{T}}$,使系统(2.5)的零解是全局指数稳定的,从而驱动系统(2.3)和响应系统(2.4)是全局指数同步的,即

$$\lim_{t\to\infty}\|e(t)\|=0$$

下面对系统采用自适应同步控制方法,证明系统是全局指数同步。

定理2.1　对误差系统(2.5),当控制器设计为

$$\mu_1=-x_2^2e_y+2x_1^2y_1+e_x^2y_1-2x_1y_1e_x-\alpha e_z-ke_x$$

$$\mu_2=-Be_x+x_2^2e_y-2x_1^2y_1-e_x^2y_1+2x_1y_1e_x-e_y$$

$$\mu_3=-e_z,\quad \mu_4=-e_u$$

适当选择 $k>0$,使矩阵

$$\boldsymbol{P}=\begin{pmatrix}2(B+1+k) & 0 & 0 & 0\\ 0 & 2 & 0 & 0\\ 0 & 0 & 2 & 0\\ 0 & 0 & 0 & 2\end{pmatrix}$$

是正定的,则误差系统(2.5)的零解是全局指数稳定的,从而驱动系统(2.3)和响应系统(2.4)是全局指数同步的。

证明 构造一个正定的径向无界的 Lyapunov 函数

$$V = e_x^2 + e_y^2 + e_z^2 + e_u^2$$

计算 V 沿着式(2.5)的正半轨线对时间的导数,则

$$\begin{aligned}
\frac{\mathrm{d}V}{\mathrm{d}t} &= 2e_x\dot{e}_x + 2e_y\dot{e}_y + 2e_z\dot{e}_z + 2e_u\dot{e}_u \\
&= 2e_x[-(B+1)e_x + x_2^2e_y - 2x_1^2y_1 - e_x^2y_1 + 2x_1y_1e_x + \alpha e_z - x_2^2e_y + 2x_1^2y_1 + e_x^2y_1 - ke_x - \\
&\quad 2x_1y_1e_x - \alpha e_z] + 2e_y[Be_x - (x_2^2e_y - 2x_1^2y_1 - e_x^2y_1 + 2x_1y_1e_x) - Be_x + x_2^2e_y - 2x_1^2y_1 - \\
&\quad e_x^2y_1 + 2x_1y_1e_x - e_y] + 2e_z(-\omega e_u - e_z) + 2e_u(\omega e_z - e_u) \\
&= -2(B+1+k)e_x^2 - 2e_y^2 - 2e_z^2 - 2e_u^2 \\
&= -(e_x \quad e_y \quad e_z \quad e_u)\begin{pmatrix} 2(B+1+k) & 0 & 0 & 0 \\ 0 & 2 & 0 & 0 \\ 0 & 0 & 2 & 0 \\ 0 & 0 & 0 & 2 \end{pmatrix}\begin{pmatrix} e_x \\ e_y \\ e_z \\ e_u \end{pmatrix} = -\boldsymbol{e}^{\mathrm{T}}\boldsymbol{P}\boldsymbol{e}
\end{aligned} \tag{2.6}$$

其中

$$\boldsymbol{P} = \begin{pmatrix} 2(B+1+k) & 0 & 0 & 0 \\ 0 & 2 & 0 & 0 \\ 0 & 0 & 2 & 0 \\ 0 & 0 & 0 & 2 \end{pmatrix}$$

很明显,为了使误差系统(2.3)的零解是全局指数稳定的,只需要矩阵 $\boldsymbol{P}$ 是正定的即可。

这当且仅当下列不等式成立

$$2(B+1+k) > 0$$

从上面的不等式,可推得 k 满足 $k > -B-1$,从而当 $k > -B-1$ 时,矩阵 $\boldsymbol{P}$ 是正定的,而 $\dot{V}$ 是负定的。由式(2.6)和高等代数可知

$$\begin{aligned}
\frac{\mathrm{d}V}{\mathrm{d}t} &\leqslant -\lambda_{\min}(P)(e_x^2 + e_y^2 + e_z^2 + e_u^2) \\
&\leqslant -\lambda_{\min}(P)V
\end{aligned}$$

因此

$$
\begin{aligned}
e_x^2 + e_y^2 + e_z^2 + e_u^2 &= V(X(t)) \\
&\leqslant V(X(t_0))e^{-\lambda_{\min}(P)(t-t_0)} \qquad t \geqslant t_0
\end{aligned}
$$

当 $t \to +\infty$ 时，$V(X(t)) \to 0$，从而误差系统(2.5)的零解是全局指数稳定的。因此，驱动系统(2.3)和响应系统(2.4)是全局指数同步的。

2.3.2　数值仿真

这里利用 4 阶 Runge-Kutta 算法作仿真来验证上述提出的方法的有效性。

在作数值仿真时，时间的步长定为 0.001，驱动系统(2.3)和响应系统(2.4)的初始条件分别取为

$$(x_1(0), y_1(0), z_1(0), u_1(0)) = (60, 107, 8, 9)$$

$$(x_2(0), y_2(0), z_2(0), u_2(0)) = (-15, 49, -17, 29)$$

因此，误差系统(2.5)的初始条件

$$(e_x(0), e_y(0), e_z(0), e_u(0)) = (-75, -58, -25, 20)$$

定义同步误差为

$$e(t) = \sqrt{e_x^2(t) + e_y^2(t) + e_z^2(t) + e_u^2(t)}$$

对定理 2.1 中的控制器，选取控制参数 $k=1$ 作为系统(2.5)的控制率，则响应系统(2.4)和驱动系统(2.3)的同步如图 2.15 所示，同步误差 $e(t)$ 随时间 t 的变化

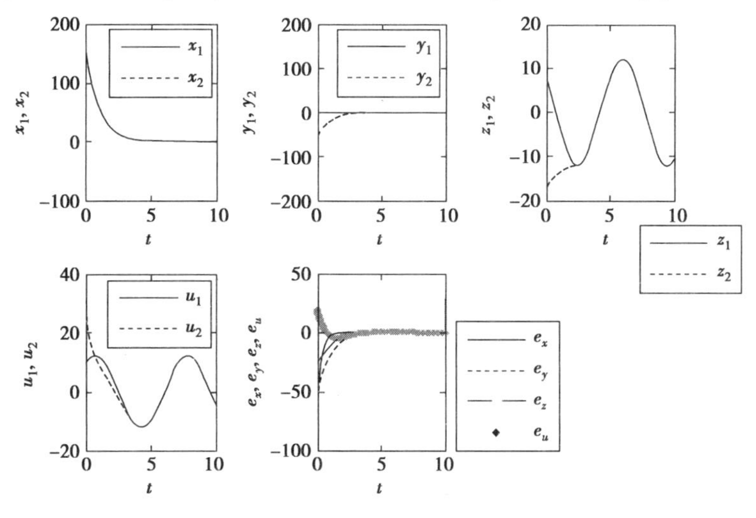

图 2.15　控制参数 $k=1$ 下的同步

如图2.16所示。由仿真结果可知,两个系统很快达到同步,误差很快趋于0,这样不会造成资源的过多浪费。所得结果会在提高实际应用上化学反应性能和精确定量计算化学反应结果等方面提供强有力的理论基础。

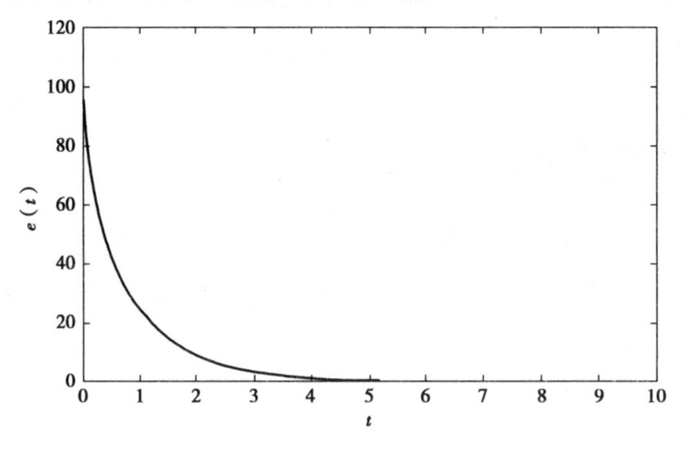

图2.16　误差 $e(t)$ 随时间 t 的变化

第 3 章

Willamowski-Rössler 化学系统动力学行为的数值仿真及控制与同步研究

本章研究 Willamowski-Rössler 化学系统的动力学行为与仿真问题。给出两种控制方案，将 Willamowski-Rössler 的无量纲系统控制到平衡点处，采用驱动-响应的同步方法，实现该混沌系统的全局指数同步，并通过理论分析和数值仿真，表明这些方法的有效性。

3.1 Willamowski-Rössler 系统的动力学行为仿真

考虑 Willamowski-Rössler 化学混沌系统

$$\begin{cases} \dfrac{\mathrm{d}x}{\mathrm{d}t} = k_1 x - a x^2 - k_2 x y + b y^2 - k_4 x z + d \\ \dfrac{\mathrm{d}y}{\mathrm{d}t} = k_2 x y - b y^2 - k_3 y + c \\ \dfrac{\mathrm{d}z}{\mathrm{d}t} = - k_4 x z + k_5 z - e z^2 + d \end{cases} \tag{3.1}$$

式中　k_i——反应速率，大于零的常数。

下面对 Willamowski-Rössler 化学系统的混沌行为进行详细的数值仿真。选取

参数

$$k_1 = 30, \quad a = 0.25, \quad k_2 = 1, \quad b = 10^{-4}, \quad k_3 = 10, \quad c = 10^{-3}$$

$$d = 10^{-3}, \quad k_5 = 16.5, \quad e = 0.5$$

给出仿真系统(3.1)在 k_4 取不同值时的吸引子图。同时,给出系统(3.1)的分岔图、最大李雅普指数图、庞加莱截面、返回映射及功率谱,从不同角度反映了系统(3.1)的混沌行为。因此,对仿真结果总结归纳如下:

①当 $k_4 < 0.508\ 1\cdots$ 时,系统(3.1)是稳定的(见图 3.1)。

②当 k_4 增大到 $0.508\ 1\cdots$ 时,系统(3.1)第一次发生分岔,出现如图 3.2 所示的周期运动。

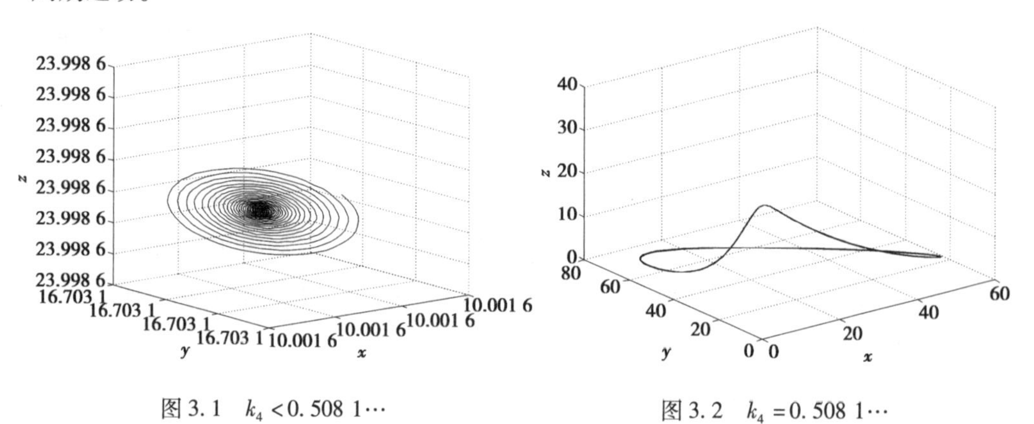

图 3.1 $k_4 < 0.508\ 1\cdots$　　图 3.2 $k_4 = 0.508\ 1\cdots$

③当 $k_4 = 0.861\ 6\cdots$ 时,系统(3.1)出现倍周期分岔;在 $k_4 = 0.951\ 7\cdots$ 时,再次出现倍周期分岔。随后,k_4 在 $0.970\ 2\cdots$,$0.974\ 15\cdots$,$0.974\ 996\cdots$ 等处继续发生分岔,最终在 $k_4 = 1$ 时,系统(3.1)发生混沌,表现为许多不规则轨迹,则

$$\frac{0.861\ 6\cdots - 0.508\ 1\cdots}{0.951\ 7\cdots - 0.861\ 6\cdots} \approx 3.923\ 4\cdots, \quad \frac{0.951\ 7\cdots - 0.861\ 6\cdots}{0.970\ 2\cdots - 0.951\ 7\cdots} \approx 4.870\ 2\cdots$$

$$\frac{0.970\ 2\cdots - 0.951\ 7\cdots}{0.974\ 15\cdots - 0.970\ 2\cdots} \approx 4.683\ 5\cdots, \quad \frac{0.974\ 15\cdots - 0.970\ 2\cdots}{0.974\ 996\cdots - 1.974\ 15\cdots} \approx 4.669\ 03\cdots$$

可知,系统(3.1)分岔点的间隔比趋于极限 $4.669\ 201\cdots$(见图 3.3—图 3.6)。

④图 3.7 给出了系统(3.1)随 k_4 变化的分岔图。由分岔图可看到系统发生混沌的全过程。同时,分岔图中的不稳定区间 $k_4 \in [0.861\ 6\cdots, 1.03\cdots] \cup [1.147\ 2\cdots, 1.166\ 3\cdots]$ 与图 3.8中正的李雅普指数区间是一致的。如图 3.9—图 3.11 所示,给出当 $k_4 = 1$ 时,系统的庞加莱截面、功率谱和返回映射。这些仿真图均显示了系统(3.1)的混沌特征。

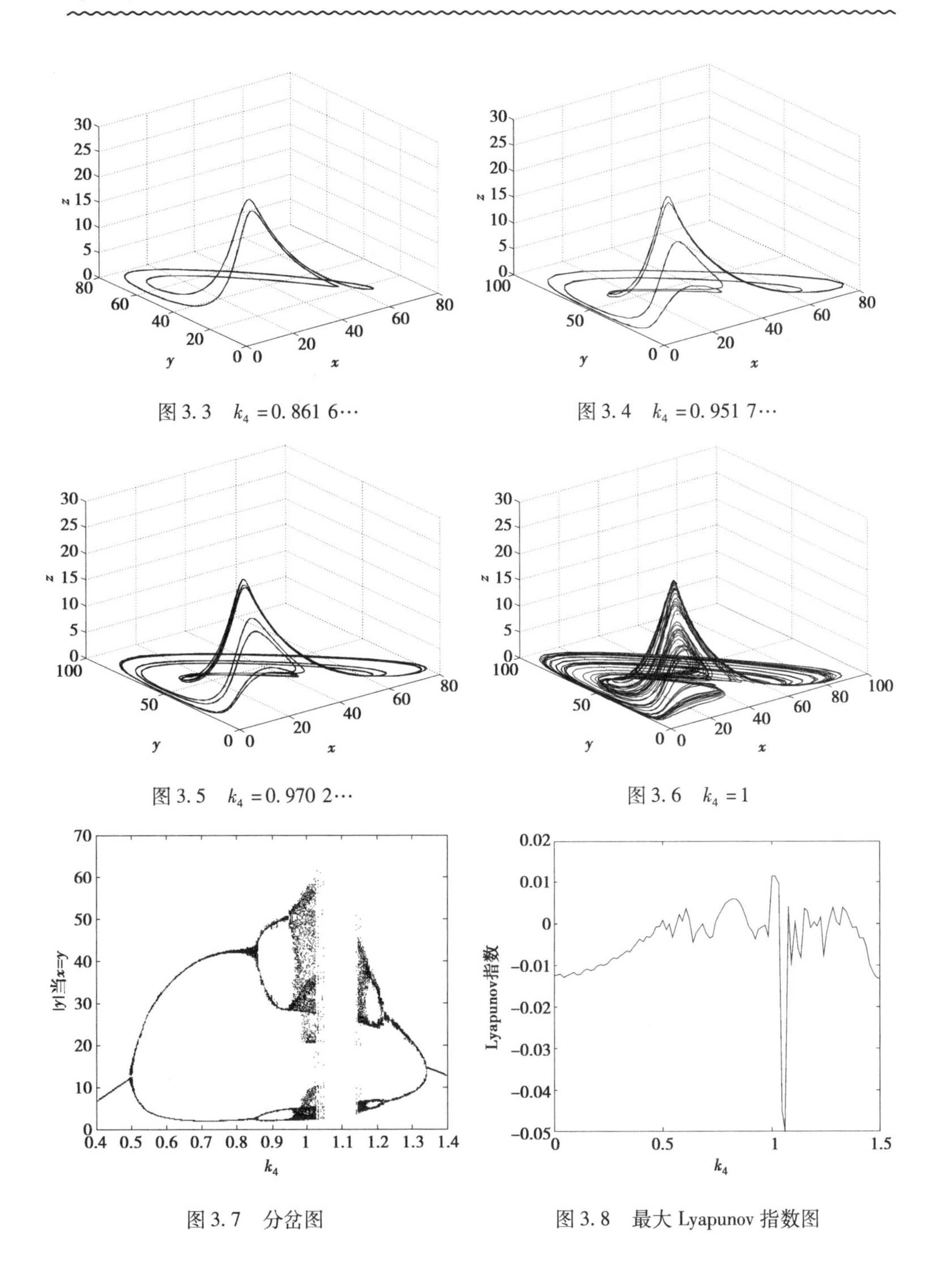

图 3.3　$k_4 = 0.861\ 6\cdots$

图 3.4　$k_4 = 0.951\ 7\cdots$

图 3.5　$k_4 = 0.970\ 2\cdots$

图 3.6　$k_4 = 1$

图 3.7　分岔图

图 3.8　最大 Lyapunov 指数图

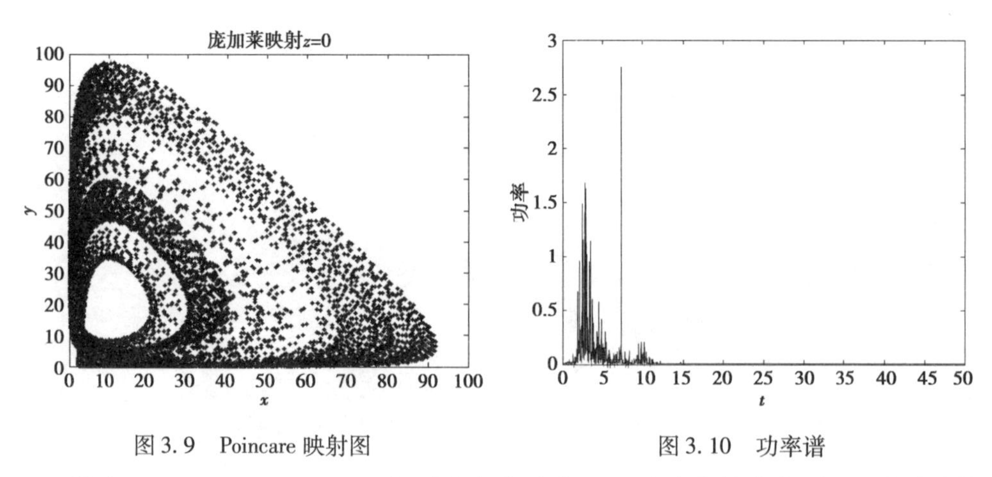

图 3.9　Poincare 映射图　　　　图 3.10　功率谱

⑤当 $1.03<k_4<1.1472\cdots$ 时，混沌突然消失。通过放大的分岔图，可看到系统(3.1)此时进入周期状态(见图 3.12)。随后，在 k_4 到达 $1.1472\cdots$ 时，系统再次生成混沌，这是一种间歇式混沌(见图 3.13)。

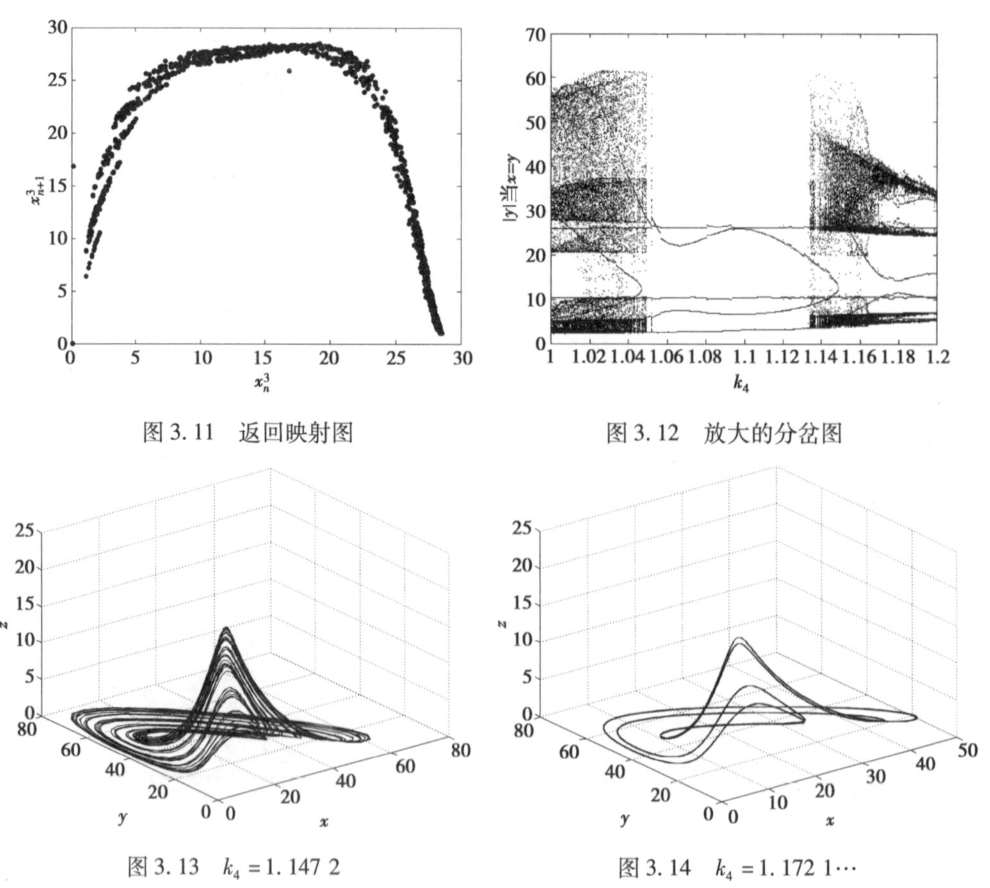

图 3.11　返回映射图　　　　图 3.12　放大的分岔图

图 3.13　$k_4=1.1472$　　　　图 3.14　$k_4=1.1721\cdots$

⑥当 k_4 的值分别等于1.174 516…,1.174 09…,1.172 1…,1.181 4…,1.224 9…时,系统(3.1)经倒周期倍分岔逐渐收缩成极限环。数值结果表明,系统(3.1)倒周期倍分岔过程的分岔点也满足费根鲍姆常数(见图3.14—图3.16)。

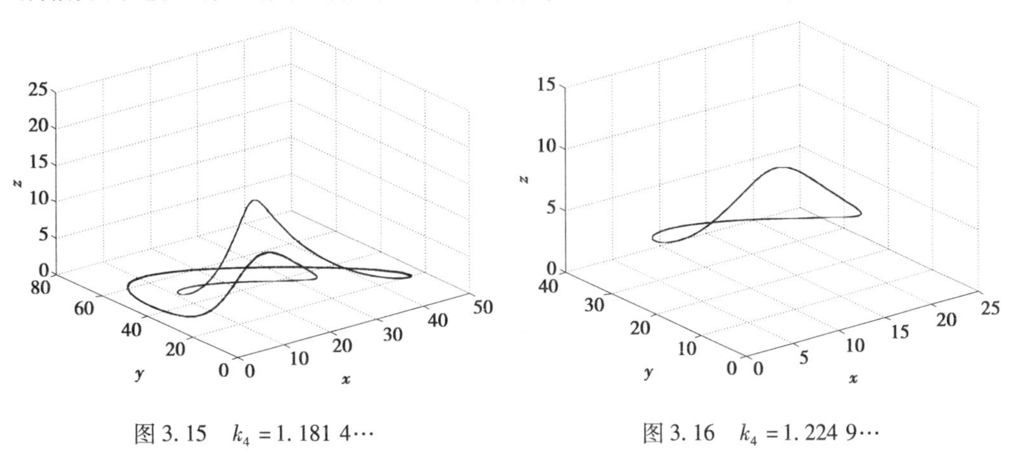

图3.15 $k_4=1.181\ 4\cdots$

图3.16 $k_4=1.224\ 9\cdots$

3.2 Willamowski-Rössler 系统的控制

3.2.1 Willamowski-Rössler 系统的自适应控制

为了方便起见,根据数量间的量级关系,将式(3.1)转化为无量纲方程组

$$\begin{cases}\dfrac{dx}{dt}=k_1x-ax^2-xy-xz\\[2ex]\dfrac{dy}{dt}=xy-k_3y\\[2ex]\dfrac{dz}{dt}=-xz+k_5-ez^2\end{cases}\tag{3.2}$$

取 $a=0.01$,其他参数值与式(3.1)达到混沌状态时的取值相同。通过计算该系统有6个平衡点,分别为 $P_1(0,0,5.744\ 6)$,$P_2(0,0,-5.744\ 6)$,$P_3(10,28.367\ 4,1.532\ 6)$,$P_4(10,51.4326,-21.532\ 6)$,$P_5(-14.525\ 3,0,30.145\ 3)$,$P_6(2\ 999.449\ 9,0,0.005\ 5)$。

该系统在平衡点 P_1 处的雅可比矩阵为

$$\begin{pmatrix} 24.26 & 0 & 0 \\ 0 & -10 & 0 \\ -5.74 & 0 & -5.74 \end{pmatrix}$$

经过计算,其特征值为

$$\lambda_1 = 24.26, \quad \lambda_2 = -10, \quad \lambda_3 = -5.74$$

因为 $\lambda_1 = 24.26 > 0$,所以该平衡点是不稳定的。

根据自适应控制原理,可得到系统的受控形式为

$$\begin{cases} \dfrac{dx}{dt} = k_1 x - ax^2 - xy - xz - p_1(x - x_0) \\ \dfrac{dy}{dt} = xy - k_3 y - p_2(y - y_0) \\ \dfrac{dz}{dt} = -xz + k_5 - ez^2 - p_3(z - z_0) \end{cases} \tag{3.3}$$

取 $p_1 = 30, p_2 = 20, p_3 = 10$ 为可调节反馈增益,$(x_0, y_0, z_0) = (0, 0, 5.7446)$,即平衡点 P_1。通过计算可得(3.3)在 P_1 处雅可比矩阵所对应的特征值分别为 $\lambda_1 = -5.744, \lambda_2 = -30, \lambda_3 = -10$,即系统(3.2)稳定于平衡点 P_1。

3.2.2 Willamowski-Rössler 系统的非线性反馈控制

为了方便讨论,作变换

$$\begin{cases} q_1 = x - \bar{x} \\ q_2 = y - \bar{y} \\ q_3 = z - \bar{z} \end{cases} \tag{3.4}$$

式中 $(\bar{x}, \bar{y}, \bar{z})$——系统的平衡点。

系统(3.2)可变为

$$\begin{cases} \dot{q}_1 = -aq_1^2 - q_1 q_2 - q_1 q_3 + (k_1 - 2a\bar{x} - \bar{y} - \bar{z})q_1 - \bar{x}q_2 - \bar{x}q_3 \\ \dot{q}_2 = q_1 q_2 + (\bar{x} - k_3)q_2 + q_1 \bar{y} \\ \dot{q}_3 = -eq_3^2 - q_1 q_3 - \bar{z}q_1 - (2e\bar{z} + \bar{x})q_3 \end{cases} \tag{3.5}$$

显然,若系统(3.5)在零点稳定,则系统(3.1)在平衡点 $P(\bar{x}, \bar{y}, \bar{z})$ 处稳定。

取控制率

$$\boldsymbol{U} = (\mu_1, \mu_2, \mu_3)^{\mathrm{T}}$$

其中

$$\begin{cases} \mu_1 = p_1 q_1 - q_2^2 - \bar{y} q_2 + q_3^2 + \bar{z} q_3 + a q_1^2 \\ \mu_2 = p_2 q_2 + q_1^2 + \bar{x} q_1 \\ \mu_3 = p_3 q_3 + q_1^2 + \mathrm{e} q_3^2 + \bar{x} q_1 \end{cases}$$

式中　p_i——反馈增益，加到受控系统(3.5)，得到其受控形式为

$$\begin{cases} \dot{q}_1 = -a q_1^2 - q_1 q_2 - q_1 q_3 + (k_1 - 2a\bar{x} - \bar{y} - \bar{z}) q_1 - \bar{x} q_2 - \bar{x} q_3 + \mu_1 \\ \dot{q}_2 = q_1 q_2 + (\bar{x} - k_3) q_2 + q_1 \bar{y} + \mu_2 \\ \dot{q}_3 = -\mathrm{e} q_3^2 - q_1 q_3 - \bar{z} q_1 - (2\mathrm{e}\bar{z} + \bar{x}) q_3 + \mu_3 \end{cases} \tag{3.6}$$

定理 3.1　当 $p_1 < -k_1 2a\,\bar{x} + \bar{y} + \bar{z}, p_2 < k_3 + \bar{x}, p_3 < \bar{x} + 2\mathrm{e}\,\bar{z}$ 时，系统(3.5)是稳定的，从而系统(3.2)在任意平衡点 $P(\bar{x}, \bar{y}, \bar{z})$ 处稳定。

证明　构造一个径向无界的 Lyapunov 函数

$$V = \frac{1}{2}(q_1^2 + q_2^2 + q_3^2)$$

计算其沿式(3.6)正半轨线对时间的导数，可得

$$\begin{aligned} \dot{V} &= q_1 \dot{q}_1 + q_2 \dot{q}_2 + q_3 \dot{q}_3 \\ &= q_1 [-a q_1^2 - q_1 q_2 - q_1 q_3 + (k_1 - 2a\bar{x} - \bar{y} - \bar{z}) q_1 - \bar{x} q_2 - \bar{x} q_3 + \mu_1] + \\ &\quad q_2 [q_1 q_2 + (\bar{x} - k_3) q_2 + q_1 \bar{y} + \mu_2] + \\ &\quad q_3 [-\mathrm{e} q_3^2 - q_1 q_3 - \bar{z} q_1 - (2\mathrm{e}\bar{z} + \bar{x}) q_3 + \mu_3] \\ &= (p_1 + k_1 - 2a\bar{x} - \bar{y} - \bar{z}) q_1^2 + (p_2 + \bar{x} - k_3) q_2^2 + (p_3 - 2\mathrm{e}\bar{z} - \bar{x}) q_3^2 \end{aligned}$$

要保证 $\dot{V}$ 是负定的，当且仅当 3 个不等式

$$p_1 + k_1 - 2a\bar{x} - \bar{y} - \bar{z} < 0, \quad p_2 + \bar{x} - k_3 < 0, \quad p_3 - 2\mathrm{e}\bar{z} - \bar{x} < 0$$

同时成立。

因此，$p_1 < -k_1 2a\,\bar{x} + \bar{y} + \bar{z}, p_2 < k_3 + \bar{x}, p_3 < \bar{x} + 2\mathrm{e}\bar{z}$ 时，$\dot{V}$ 是负定的，则系统(3.5)在零点是稳定的，从而系统(3.2)在任意平衡点处 $P(\bar{x}, \bar{y}, \bar{z})$ 稳定。

3.2.3 混沌控制的数值模拟

通过上述分析可知,当选取适当的控制器,在控制参数满足一定的条件下,可将系统(3.2)稳定到任意平衡点 $P(\bar{x},\bar{y},\bar{z})$。下面通过实验加以验证。

这里仅取不稳定平衡点 P_1,其他平衡点可类似考虑。对自适应控制,当 $p_1=30,p_2=20,p_3=10$ 时,系统的相空间轨迹图如图 3.17 所示。可知,系统的周期轨线被很好地控制在平衡点 P_1 处。而对非线性反馈控制,当 $p_1=-40,p_2=5,p_3=2$ 时,系统的空间相图如图 3.18 所示。其周期轨线也被很好地控制在平衡点 P_1 处。

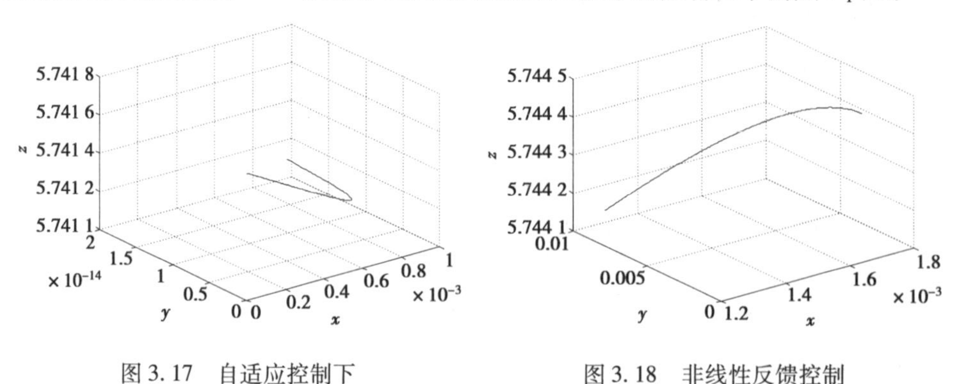

图 3.17　自适应控制下　　图 3.18　非线性反馈控制

系统(3.2)受控前 x,y,z 的时间序列如图 3.19 所示。系统显示出不稳定的运动状态。

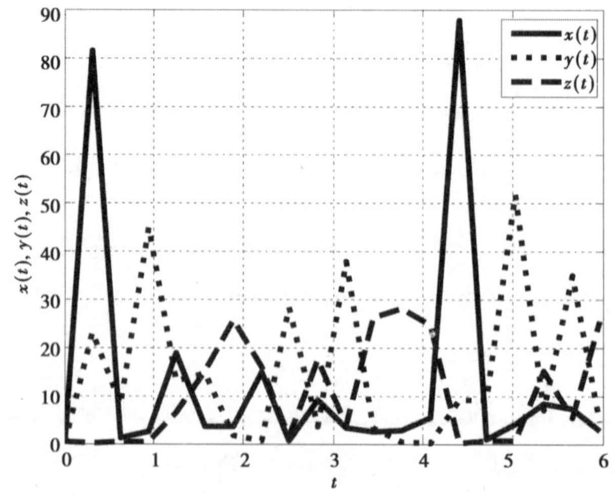

图 3.19　受控前系统(3.2)的时间序列图

对自适应控制，取初值 $x(0)=0.2, y(0)=0.2, z(0)=0.3$。其受控后的时间历程图如图3.20所示。

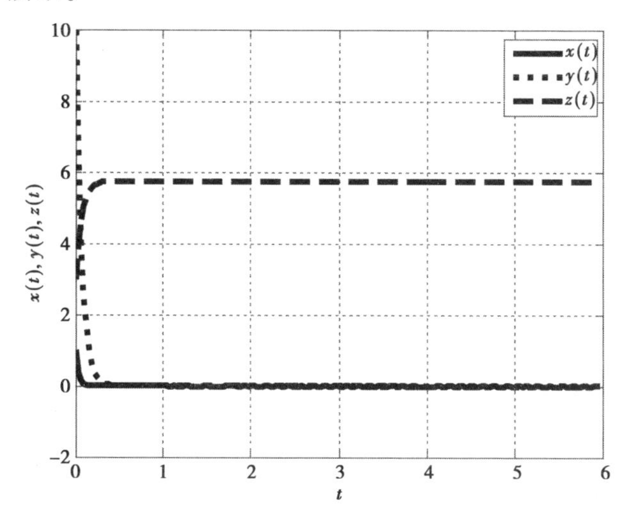

图3.20　自适应控制下系统(3.2)的时间序列图

由图3.20可知，系统(3.2)在0.8 s附近时，(x, y, z)分别稳定到了$(0, 0, 5.744\,6)$，即系统被控制到了平衡点 P_1 处。

对非线性反馈控制，同样取初值 $x(0)=0.2, y(0)=0.2, z(0)=0.3$。其受控后的时间序列图如图3.21所示。

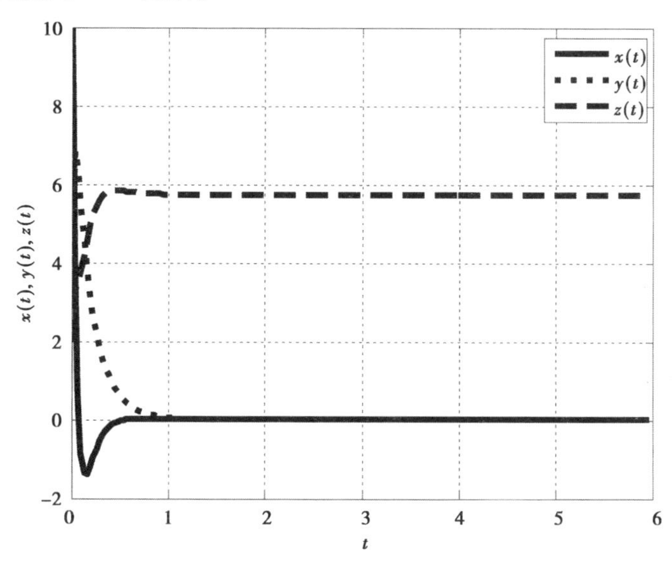

图3.21　非线性反馈下系统(3.2)的时间序列图

由图3.21可知,在 t 接近1 s时,系统(3.2)被控制到平衡点 P_1 处。

3.3 Willamowski-Rössler 系统的同步问题

3.3.1 非线性反馈同步

定义 3.1 两个非线性动力系统

$$\dot{X} = F(t,X) \tag{3.7}$$

$$\dot{Y} = F(t,Y) + \mu(X,Y) \tag{3.8}$$

式中,$X,Y \in R^n$,F 是一个 n 维的非线性函数,μ 是一个 n 维的控制输入参数,称系统(3.7)为驱动系统。系统(3.8)是响应系统。如果 $\lim_{t \to \infty} \| Y(t) - X(t) \| = 0$,则称系统(3.7)和系统(3.8)是同步的。

考虑系统(3.1)的同步问题,驱动系统的变量用下标1标注,响应系统的变量用下标2标注。

因此,驱动系统为

$$\begin{cases} \dfrac{\mathrm{d}x_1}{\mathrm{d}t} = k_1 x_1 - a x_1^2 - k_2 x_1 y_1 + b y_1^2 - k_4 x_1 z_1 + d \\ \dfrac{\mathrm{d}y_2}{\mathrm{d}t} = k_2 x_1 y_1 - b y_1^2 - k_3 y_1 + c \\ \dfrac{\mathrm{d}z_3}{\mathrm{d}t} = - k_4 x_1 z_1 + k_5 z_1 - \mathrm{e} z_1^2 + d \end{cases} \tag{3.9}$$

对应的响应系统表示为

$$\begin{cases} \dfrac{\mathrm{d}x_2}{\mathrm{d}t} = k_1 x_2 - a x_2^2 - k_2 x_2 y_2 + b y_2^2 - k_4 x_2 z_2 + d + \mu_1 \\ \dfrac{\mathrm{d}y_2}{\mathrm{d}t} = k_2 x_2 y_2 - b y_2^2 - k_3 y_2 + c + \mu_2 \\ \dfrac{\mathrm{d}z_2}{\mathrm{d}t} = - k_4 x_2 z_2 + k_5 z_2 - \mathrm{e} z_2^2 + d + \mu_3 \end{cases} \tag{3.10}$$

式中　μ_1,μ_2,μ_3——要设计的控制函数。

由响应系统减去驱动系统,可得到受控的误差动力系统

$$\begin{cases}\dot{e}_x = k_1e_x - a(e_x^2 + 2x_1e_x) - k_2(e_xe_y + x_1e_y + y_1e_x) + b(e_y^2 + 2y_1e_y) - k_4(e_xe_z + x_1e_z + z_1e_x) + \mu_1 \\ \dot{e}_y = k_2(e_xe_y + x_1e_y + y_1e_x) - b(e_y^2 + 2y_1e_y) - k_3e_y + \mu_2 \\ \dot{e}_z = - k_4(e_xe_z + x_1e_z + z_1e_x) + k_5e_z - e(e_z^2 + 2z_1e_z) + \mu_3\end{cases} \tag{3.11}$$

其中

$$e_x = x_2 - x_1, \quad e_y = y_2 - y_1, \quad e_z = z_2 - z_1$$

其目标是设计有效的控制器$(\mu_1,\mu_2,\mu_3)^{\mathrm{T}}$,使误差系统的零解是全局指数稳定的,从而驱动系统与响应系统是全局指数同步的,即

$$\lim_{t\to\infty} \| e(t) \| = 0$$

定义 3.2　如果存在常数 $\alpha>0$,对任意的 $t>t_0$ 都有 $V(t)\leqslant V(t_0)\mathrm{e}^{-\alpha(t-t_0)}$,则称系统的原点是指数稳定的。

定理 3.2　对误差系统(3.11),当控制器取形式

$$\begin{cases}\mu_1 = ae_x^2 + 2ax_1e_x + k_2e_xe_y + k_2x_1e_y + k_2y_1e_x - \\ \qquad be_y^2 - 2by_1e_y + k_4e_xe_z + k_4x_1e_z + k_4z_1e_x - ke_x \\ \mu_2 = - k_2e_xe_y - k_2x_1e_y - k_2y_1e_x + be_y^2 + 2by_1e_y - ke_y \\ \mu_3 = k_4e_xe_z + k_4x_1e_z + k_4z_1e_x + \mathrm{e}e_z^2 + 2\mathrm{e}z_1e_z - ke_z\end{cases}$$

选取适当的 $k>0$,使矩阵

$$\boldsymbol{P} = \begin{pmatrix} 2(k - k_1) & 0 & 0 \\ 0 & 2(k + k_3) & 0 \\ 0 & 0 & 2(k - k_5) \end{pmatrix}$$

是正定的,则误差系统(3.11)的零解是全局指数稳定的,从而驱动系统(5.3)和响应系统(5.4)是全局指数同步的。

证明　构造一个径向无界的 Lyapunov 函数

$$V = e_x^2 + e_y^2 + e_z^2$$

计算 V 沿着误差系统(3.11)的正半轨线对时间的导数,有

$$\frac{\mathrm{d}V}{\mathrm{d}t} = 2e_x\dot{e}_x + 2e_y\dot{e}_y + 2e_z\dot{e}_z$$

$$
\begin{aligned}
&= 2e_x[k_1e_x - a(e_x^2 + 2x_1e_x) - k_2(e_xe_y + x_1e_y + y_1e_x) + \\
&\quad b(e_y^2 + 2y_1e_y) - k_4(e_xe_z + x_1e_z + z_1e_x) + \mu_1] + \\
&\quad 2e_y[k_2(e_xe_y + x_1e_y + y_1e_x) - b(e_y^2 + 2y_1e_y) - k_3e_y + \mu_2] + \\
&\quad 2e_z[-k_4(e_xe_z + x_1e_z + z_1e_x) + k_5e_z - \mathrm{e}(e_z^2 + 2z_1e_z) + \mu_3] \\
&= 2(k_1 - k)e_x^2 - 2(k + k_3)e_y^2 + 2(k_5 - k)e_z^2 \\
&= -(e_x \quad e_y \quad e_z)\begin{pmatrix} 2(k-k_1) & 0 & 0 \\ 0 & 2(k+k_3) & 0 \\ 0 & 0 & 2(k-k_5) \end{pmatrix}\begin{pmatrix} e_x \\ e_y \\ e_z \end{pmatrix} = -\boldsymbol{e}^{\mathrm{T}}\boldsymbol{P}\boldsymbol{e}
\end{aligned}
$$

其中

$$
\boldsymbol{P} = \begin{pmatrix} 2(k-k_1) & 0 & 0 \\ 0 & 2(k+k_3) & 0 \\ 0 & 0 & 2(k-k_5) \end{pmatrix}
$$

当$\boldsymbol{P}$正定时,误差系统的零解是全局指数稳定的,则$k > \max\{k_1, k_5\}$,即当$k > 30$时,矩阵$\boldsymbol{P}$是正定的,而$\dot{V}$是负定的,则

$$
\frac{\mathrm{d}V}{\mathrm{d}t} \leqslant -\lambda_{\min}(P)(e_x^2 + e_y^2 + e_z^2) \leqslant -\lambda_{\min}(P)V
$$

式中 $\lambda_{\min}$——矩阵$\boldsymbol{P}$的最小特征值。

从而

$$
e_x^2 + e_y^2 + e_z^2 = V(X(t)) \leqslant V(X(t_0))\mathrm{e}^{-\lambda_{\min}(P)(t-t_0)} \qquad t \geqslant t_0
$$

当$t \to \infty$时,$V(X(t)) \to 0$,从而误差系统(5.5)的零解是全局指数稳定的。因此,驱动系统(3.9)与响应系统(3.10)是全局指数同步的。

3.3.2 Willamowski-Rössler 系统的同步仿真

利用 Runge-Kutta 算法作仿真来验证上述提出的方法的有效性,驱动系统和响应系统的初值分别取

$$
(x_1(0), y_1(0), z_1(0)) = (17, 14, 29)
$$

$$
(x_2(0), y_2(0), z_2(0)) = (25, 36, 24)
$$

对选取的控制器,可选取控制参数 $k=50$ 作为系统的控制率。可知,驱动系统(3.9)和响应系统(3.10)很快达到了同步,同步误差很快趋于零(见图 3.22)。

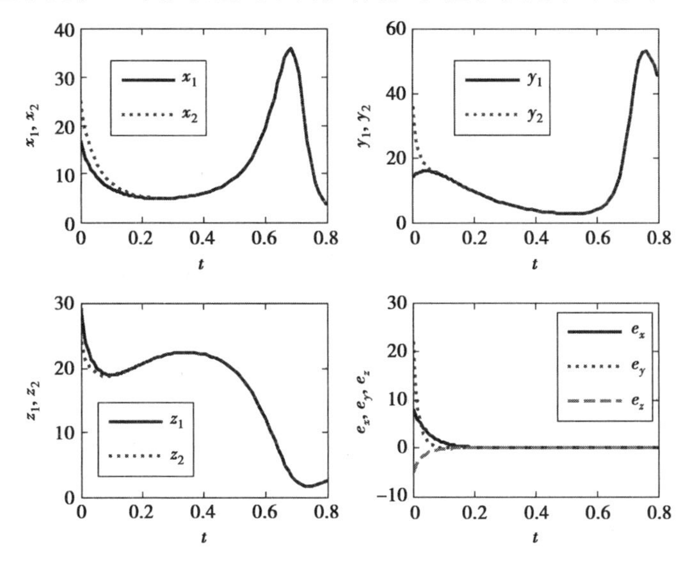

图 3.22　控制参数 $k=50$ 下的同步

第4章 三模分数维激光系统的控制与同步

本章讨论三模分数维激光系统的控制与同步问题。首先分析分数维激光系统的局部稳定性;其次通过线性反馈控制方法,将分数维激光系统的控制到平衡点处;再次通过自适应控制方法,采用单变量实现分数维激光系统的同步;最后利用反馈控制方法实现了整数阶 Lorenz 系统与分数阶激光系统的同步,数值仿真验证所取控制器的有效性。

4.1 分数维激光系统的稳定性分析

4.1.1 分数维激光系统

分数维激光系统为

$$\begin{cases} D^q x = -ax + y \\ D^q y = -by + xz \\ D^q z = c - z - xy \end{cases} \tag{4.1}$$

式中,$0 < q < 1$。

当 $q=1$ 时，该系统为整数阶激光系统。当参数 $(a, b, c) = (4,1,68)$ 时，图 4.1—图 4.4 展示了 $q=0.998\ 0$ 时激光系统的空间相图。

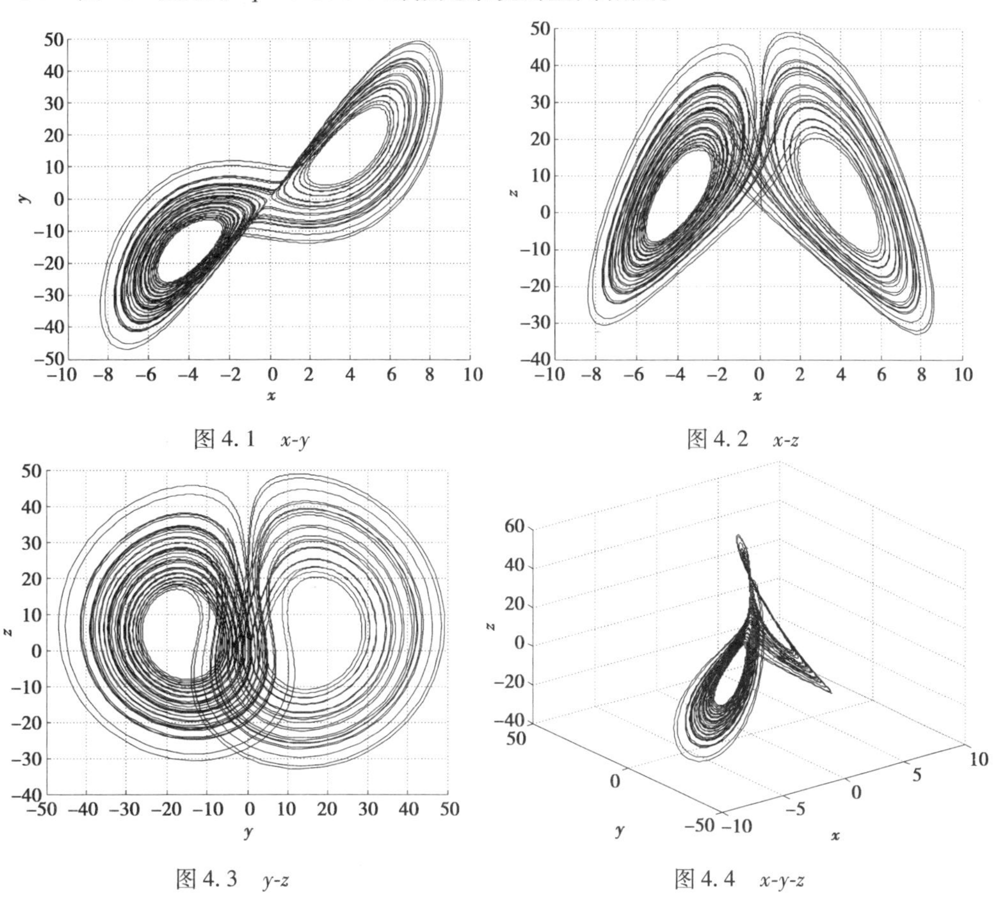

图 4.1　x-y　　图 4.2　x-z

图 4.3　y-z　　图 4.4　x-y-z

图 4.5—图 4.8 展示了在其他参数相同而 $q=0.998\ 2$ 时的空间相图。

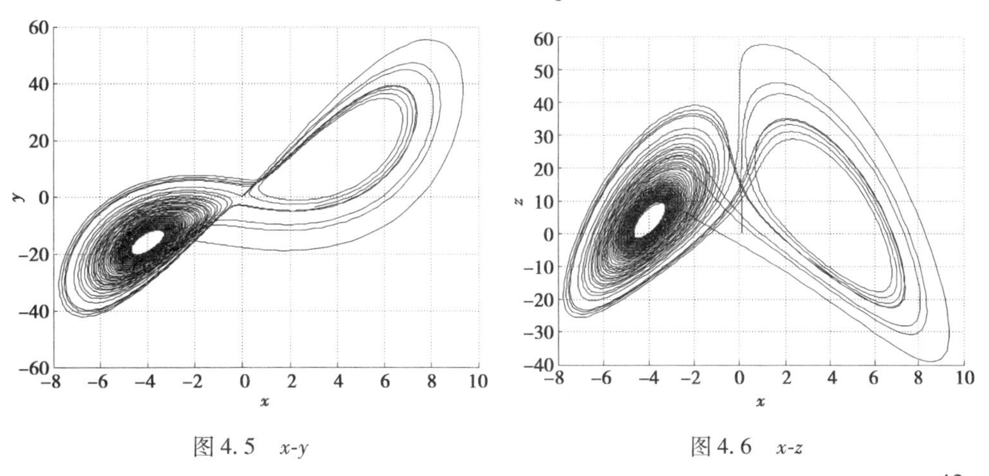

图 4.5　x-y　　图 4.6　x-z

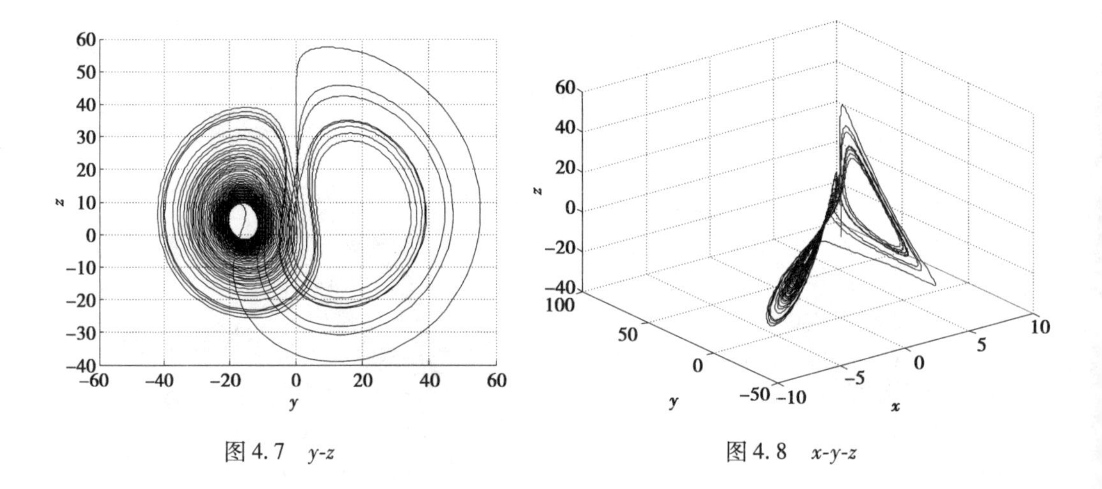

图 4.7　y-z

图 4.8　x-y-z

4.1.2　分数维激光系统的局部稳定性

分数维激光系统的平衡点由方程

$$\begin{cases} -ax+y=0 \\ -by+xz=0 \\ c-z-xy=0 \end{cases} \tag{4.2}$$

确定。

当$(a,b,c)=(4,1,68)$时,得到分数维激光系统的平衡点为

$$A_0(0,0,68),\quad A_1(4,16,4),\quad A_2(-4,-16,4)$$

系统(4.1)在平衡点$A=(\bar{x},\bar{y},\bar{z})$处的雅克比矩阵为

$$J(A)=\begin{pmatrix} -4 & 1 & 0 \\ z & -1 & x \\ -y & -x & -1 \end{pmatrix} \tag{4.3}$$

特征方程为

$$P(\lambda)=\lambda^3+6\lambda^2+(9+x^2-z)\lambda+4x^2+xy-z+4 \tag{4.4}$$

在平衡点$A_0(0,0,68)$处,方程(4.4)变为

$$P(\lambda)=\lambda^3+6\lambda^2-59\lambda-64 \tag{4.5}$$

通过计算,特征方程(4.5)对应的特征值为$\lambda_1=-1$,$\lambda_2=5.8815$,$\lambda_3=-10.8815$,则平衡点A_0是一个序为1的鞍点。根据定理2.1,当$0<q<1$时,A_0是

不稳定的。

在平衡点 $A_1(4,16,4)$ 处，方程(4.4) 变为

$$P(\lambda) = \lambda^3 + 6\lambda^2 + 21\lambda + 128 \tag{4.6}$$

对应的特征值为 $\lambda_1 = -6.034\,8$，$\lambda_{2,3} = 0.017\,4 \pm 4.605\,4\mathrm{i}$。可知，$A_1$ 是序为 2 的鞍点。因此，当 $q < 0.998\,1$ 时，A_1 是稳定的。同理，可得当 $q < 0.998\,1$ 时，A_2 是稳定的。

4.2　分数维激光系统的混沌控制

4.2.1　控制器设计

受控的分数维激光系统为

$$\begin{cases} D^q x = -ax + y - k_1(x - \bar{x}) \\ D^q y = -by + xz - k_2(y - \bar{y}) \\ D^q z = c - z - xy - k_3(z - \bar{z}) \end{cases} \tag{4.7}$$

式中　k_1, k_2, k_3——控制参数。

可知，$(\bar{x}, \bar{y}, \bar{z})$ 是平衡点，则系统(4.7)的雅克比矩阵为

$$\boldsymbol{J} = \begin{pmatrix} -a-k_1 & 1 & 0 \\ z & -b-k_2 & x \\ -y & -x & -c-k_3 \end{pmatrix}$$

当 $a=4$，$b=1$，$c=70$ 时，对应的特征方程为

$$\begin{aligned} P(\lambda) = {} & \lambda^3 + (k_1 + k_2 + k_3 + 6)\lambda^2 + \\ & (2k_1 + 5k_2 + 5k_3 + k_1k_2 + k_1k_3 + k_2k_3 + x^2 - z + 9)\lambda + \\ & (4 + k_1)x^2 - (k_3 + 1)z + xy + k_1 + 4k_2 + 4k_3 + \\ & k_1k_2 + k_1k_3 + 4k_2k_3 + k_1k_2k_3 + 4 \end{aligned} \tag{4.8}$$

由分数维 Routh-Hurwitz 法则，可得

$$a_1 = k_1 + k_2 + k_3 + 6$$

$$a_2 = 2k_1 + 5k_2 + 5k_3 + k_1k_2 + k_1k_3 + k_2k_3 + x^2 - z + 9$$

$$a_3 = (4 + k_1)x^2 - (k_3 + 1)z + xy + k_1 + 4k_2 + 4k_3 + k_1k_2 + k_1k_3 + 4k_2k_3 + k_1k_2k_3 + 4 \tag{4.9}$$

将平衡点 A_0 代入方程(4.9)，取 $k_1 = 10, k_2 = 10, k_3 = 1$，可得 $D(p) > 0, a_1 > 0, a_3 > 0, a_1a_2 - a_3 > 0$。因此，当 $0 < q < 1$ 时，系统(4.7)是渐近稳定的(见图 4.9)。

同理，把平衡点 A_1, A_2 代入方程(4.9)，取 $k_1 = 4, k_2 = 1, k_3 = 5$，则当 $0 < q < 1$ 时，系统(4.7)是渐近稳定的(见图 4.10 和图 4.11)。

4.2.2 混沌控制的数值模拟

由上述分析可知，选取适当的控制器及控制参数，可将系统(4.7)稳定到任意平衡点。下面通过数值仿真进行验证。选取平衡点 A_0，并取 $k_1 = 10, k_2 = 10, k_3 = 1$，受控系统(4.7)的运动轨迹如图 4.9 所示。可知，运动轨线被很好地控制在 $A_0(0,0,68)$ 处。

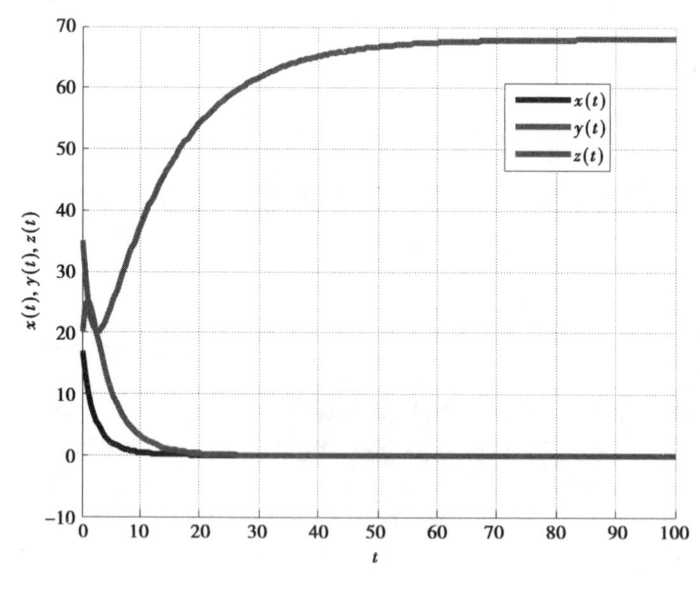

图 4.9 平衡点 A_0

同理,当 $k_1 = 10, k_2 = 10, k_3 = 1$ 时,系统(4.7)也被很好地控制在平衡点 $A_1(4,16,4)$ 和 $A_2 = (-4, -16, 4)$ 处(见图 4.10、图 4.11)。

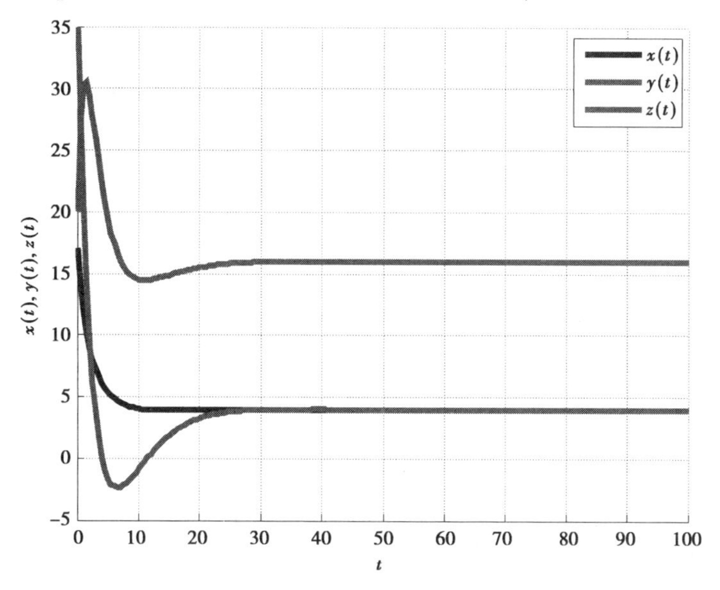

图 4.10　平衡点 A_1

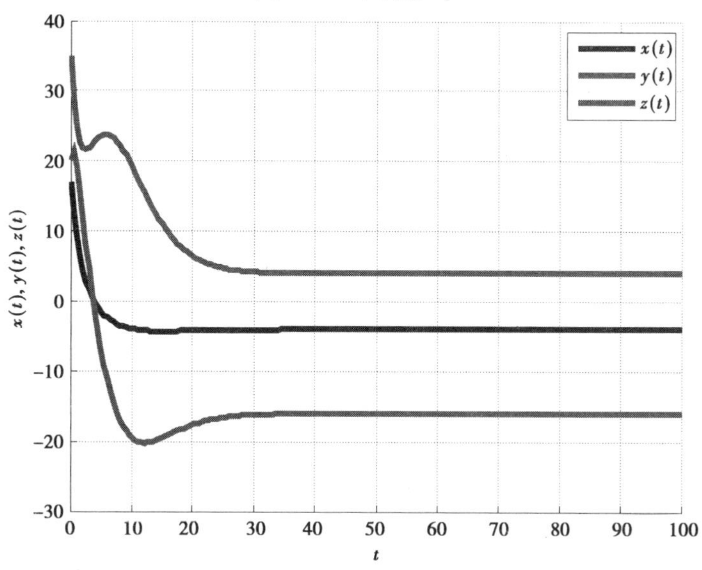

图 4.11　平衡点 A_2

4.3 分数维激光系统的自适应同步

4.3.1 控制器设计

驱动系统为

$$\begin{cases} D^q x_1 = -ax_1 + x_2 \\ D^q x_2 = -bx_2 + x_1 x_3 \\ D^q x_3 = c - x_3 - x_1 x_2 \end{cases} \tag{4.10}$$

受控的响应系统为

$$\begin{cases} D^q y_1 = -ay_1 + y_2 + \mu_1 \\ D^q y_2 = -by_2 + y_1 y_3 + \mu_2 \\ D^q y_3 = c - y_3 - y_1 y_2 + \mu_3 \end{cases} \tag{4.11}$$

式中　μ_1, μ_2, μ_3——要设计的控制器。

定理 4.1　在任何初始条件下，系统(4.10)和系统(4.11)是全局指数同步的。当控制器取

$$\mu_1 = -ke_1, \quad \mu_2 = \mu_3 = 0 \tag{4.12}$$

参数自适应律取

$$D^q k = \beta e_1^2 \qquad \beta > 0 \tag{4.13}$$

证明　设 $e_1 = y_1 - x_1, e_2 = y_2 - x_2, e_3 = y_3 - x_3$，则可得误差动力系统

$$\begin{cases} D^q e_1 = -ae_1 + e_2 - ke_1 \\ D^q e_2 = -be_2 + x_3 e_1 + e_1 e_3 + x_1 e_3 \\ D^q e_3 = x_2 e_1 + x_1 e_2 + e_1 e_2 - e_3 \end{cases} \tag{4.14}$$

令 $e_k = k - k_0$（k_0 是 k 的估计），则 $D^q e_k = D^q k = \beta e_1^2$，故

$$\begin{pmatrix} D^q e_1 \\ D^q e_2 \\ D^q e_3 \\ \frac{1}{\beta} D^q e_k \end{pmatrix} = \boldsymbol{A}(e_1 \quad e_2 \quad e_3 \quad e_k)^{\mathrm{T}}$$

其中

$$\boldsymbol{A} = \begin{pmatrix} -a-k_0 & 1 & 0 & -e_1 \\ x_3+e_3 & -b & x_1 & 0 \\ e_2+x_2 & x_1 & -1 & 0 \\ e_1 & 0 & 0 & 0 \end{pmatrix}$$

假设 λ 是矩阵 $\boldsymbol{A}$ 的任意特征值,$\boldsymbol{\xi}=(\xi_1,\xi_2,\xi_3,\xi_4)^{\mathrm{T}}$ 为对应的特征向量,则

$$\boldsymbol{A\xi} = \boldsymbol{\lambda\xi} \tag{4.15}$$

则一定存在矩阵 $\boldsymbol{H}$,对式(4.15)两侧同时共轭转置,得到

$$\boldsymbol{\xi}^{\mathrm{H}}\boldsymbol{A}^{\mathrm{T}} = \bar{\boldsymbol{\lambda}}\boldsymbol{\xi}^{\mathrm{H}} \tag{4.16}$$

令式(4.15)左乘 $\frac{1}{2}\boldsymbol{\xi}^{\mathrm{H}}$ 加上式(4.16)右乘 $\frac{1}{2}\boldsymbol{\xi}$,可得

$$\boldsymbol{\xi}^{\mathrm{H}}\left(\frac{1}{2}\boldsymbol{A}+\frac{1}{2}\boldsymbol{A}^{\mathrm{T}}\right)\boldsymbol{\xi} = \frac{1}{2}(\boldsymbol{\lambda}+\bar{\boldsymbol{\lambda}})\boldsymbol{\xi}^{\mathrm{H}}\boldsymbol{\xi} \tag{4.17}$$

因为混沌运动是有界的,所以当 $t \geqslant 0$ 时,总是存在正常数 M 满足 $M \geqslant x_i(t)$($i=1,2,3$),并且

$$\xi_i^* \xi_j + \xi_j^* \xi_i \leqslant 2|\xi_i^*||\xi_j| \leqslant |\xi_i^* \xi_j| + |\xi_j^* \xi_i|$$

因此

$$\frac{1}{2}(\boldsymbol{\lambda}+\bar{\boldsymbol{\lambda}})\boldsymbol{\xi}^{\mathrm{H}}\boldsymbol{\xi} = \boldsymbol{\xi}^{\mathrm{H}}\left(\frac{1}{2}\boldsymbol{A}+\frac{1}{2}\boldsymbol{A}^{\mathrm{T}}\right)\boldsymbol{\xi}$$

$$= (\xi_1^*,\xi_2^*,\xi_3^*,\xi_4^*)\begin{pmatrix} -a-k_0 & \frac{x_3+e_3}{2} & \frac{x_2+e_2}{2} & 0 \\ \frac{x_3+e_3}{2} & -b & \frac{2x_1}{2} & 0 \\ \frac{x_2+e_2}{2} & \frac{2x_1}{2} & -1 & 0 \\ 0 & 0 & 0 & 0 \end{pmatrix}\begin{pmatrix} \xi_1 \\ \xi_2 \\ \xi_3 \\ \xi_4 \end{pmatrix}$$

$$= (\xi_1^*, \xi_2^*, \xi_3^*)\begin{pmatrix} -a-k_0 & \frac{x_3+e_3}{2} & \frac{x_2+e_2}{2} \\ \frac{x_3+e_3}{2} & -b & \frac{2x_1}{2} \\ \frac{x_2+e_2}{2} & \frac{2x_1}{2} & -1 \end{pmatrix}\begin{pmatrix} \xi_1 \\ \xi_2 \\ \xi_3 \end{pmatrix}$$

$$\leqslant (\xi_1^*, \xi_2^*, \xi_3^*)\begin{pmatrix} -a-k_0 & \frac{M}{2} & \frac{M}{2} \\ \frac{M}{2} & -b & \frac{2M}{2} \\ \frac{M}{2} & \frac{2M}{2} & -1 \end{pmatrix}\begin{pmatrix} \xi_1 \\ \xi_2 \\ \xi_3 \end{pmatrix}$$

令

$$\boldsymbol{P} = \begin{pmatrix} -a-k_0 & \frac{M}{2} & \frac{M}{2} \\ \frac{M}{2} & -b & \frac{2M}{2} \\ \frac{M}{2} & \frac{2M}{2} & -1 \end{pmatrix}$$

则一定存在 k_0 使 $\boldsymbol{P}$ 正定,则

$$\frac{1}{2}(\boldsymbol{\lambda}+\bar{\boldsymbol{\lambda}})\boldsymbol{\xi}^{\mathrm{H}}\boldsymbol{\xi} \leqslant (|\xi_1^*|, |\xi_2^*|, |\xi_3^*|)\boldsymbol{P}\begin{pmatrix} |\xi_1| \\ |\xi_2| \\ |\xi_3| \end{pmatrix} \leqslant 0 \tag{4.18}$$

即矩阵 $\boldsymbol{A}$ 的任意特征值满足

$$|\arg(\lambda)| \geqslant \frac{\pi}{2} \geqslant \frac{q\pi}{2} \qquad 0 < q < 1 \tag{4.19}$$

根据分数维系统的稳定性理论,误差系统(4.14)的所有平衡点是渐近稳定的,故

$$\lim_{t\to\infty} \| e(t) \| = 0 \tag{4.20}$$

即驱动系统(4.10)和响应系统(4.11)实现了同步,定理得证。

4.3.2　分数维激光系统的自适应同步仿真

现取初值

$$(x_1(0),x_2(0),x_3(0)) = (17 \quad 14 \quad 29)$$

$$(y_1(0),y_2(0),y_3(0)) = (25 \quad 36 \quad 24)$$

$$a = 4, \quad b = 1, \quad c = 70, \quad q = 0.998\,2$$

由图4.12可知，随着$t \to \infty$，同步误差$e(t) \to 0$，即系统(4.10)和系统(4.11)实现了同步。

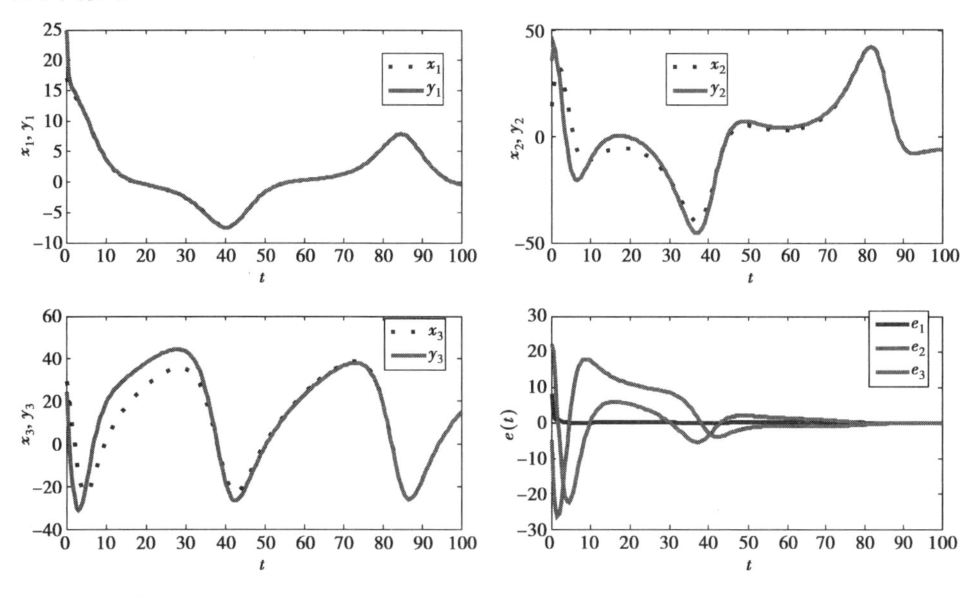

图4.12　控制器式(4.12)作用下系统(4.10)和系统(4.11)的误差响应图

4.4　分数维激光系统与整数维Lorenz系统的同步控制

4.4.1　控制器设计

将整数维的Lorenz系统作为驱动系统，即

$$\begin{cases} \dot{x}_1 = \sigma(x_2 - x_1) \\ \dot{x}_2 = rx_1 - x_1x_3 - x_2 \\ \dot{x}_3 = x_1x_2 - \beta x_3 \end{cases} \tag{4.21}$$

响应系统为受控的分数维激光系统,即

$$\begin{pmatrix} D^q y_1 \\ D^q y_2 \\ D^q y_3 \end{pmatrix} = \begin{pmatrix} -ay_1 + y_2 \\ -by_2 + y_1y_3 \\ c - y_3 - y_1y_2 \end{pmatrix} + \mu(x(t)) + U(y(t),x(t)) \tag{4.22}$$

式中 $U(y(t),x(t))$——反馈控制器。

定理 4.2 系统(4.21)和系统(4.22)是全局指数同步的。当控制器取

$$\mu(x(t)) = D^q x - f(x(t)) \tag{4.23}$$

其中

$$f(x(t)) = \begin{pmatrix} -ax_1 + x_2 \\ -bx_2 + x_1x_3 \\ c - x_3 - x_1x_2 \end{pmatrix}$$

证明 令 $e_1 = y_1 - x_1, e_2 = y_2 - x_2, e_3 = y_3 - x_3$,则误差动力系统为

$$\begin{pmatrix} D^q e_1 \\ D^q e_2 \\ D^q e_3 \end{pmatrix} = \begin{pmatrix} B_1e_1 + F_1(x(t),e_2(t),e_3(t)) \\ B_2e_2 + F_2(x(t),e_1(t),e_3(t)) + x_1e_3 \\ B_3e_3 + F_2(x(t),e_1(t),e_2(t)) - x_1e_2 \end{pmatrix} + U(y(t),x(t)) \tag{4.24}$$

其中

$$\begin{cases} B_1 = -a \\ B_2 = -b \\ B_3 = -1 \\ F_1(x(t),e_2(t),e_3(t)) = e_2 \\ F_2(x(t),e_1(t),e_3(t)) = x_3e_1 + e_1e_3 \\ F_3(x(t),e_1(t),e_2(t)) = -x_2e_1 - e_1e_2 \end{cases} \tag{4.25}$$

则

$$\lim_{e_1(t)\to\infty} F_2(x(t),e_1(t),e_3(t)) = \lim_{e_1(t)\to\infty} F_3(x(t),e_1(t),e_2(t)) = 0 \tag{4.26}$$

取反馈控制器

$$U(y(t),x(t)) = \begin{pmatrix} A_1 \\ A_2 \\ A_3 \end{pmatrix}(e_1(t),e_2(t),e_3(t)) + \begin{pmatrix} -F_1(x(t),e_1(t),e_3(t)) \\ -x_1e_3 \\ x_1e_2 \end{pmatrix} \tag{4.27}$$

则

$$\begin{pmatrix} D^qe_1 \\ D^qe_2 \\ D^qe_3 \end{pmatrix} = \begin{pmatrix} (-a+A_1)e_1 \\ (-b+A_2)e_2 + x_3e_1 + e_1e_3 \\ (-1+A_3)e_3 - x_2e_1 - e_1e_2 \end{pmatrix} \tag{4.28}$$

当$(-a+A_1)<0$时，有$\lim\limits_{t\to\infty} e_1 = \lim\limits_{t\to\infty}(y_1-x_1)=0$，则当$t\to\infty$，可得

$$\lim_{e_1(t)\to\infty} F_{21}(x(t),e_1(t),e_2(t)) = \lim_{e_1(t)\to\infty}\begin{pmatrix} x_3e_1 + e_1e_3 \\ -x_2e_1 - e_1e_2 \end{pmatrix} = 0$$

因此

$$\begin{pmatrix} D^qe_2 \\ D^qe_3 \end{pmatrix} = \begin{pmatrix} (-b+A_2)e_2 \\ (-1+A_3)e_3 \end{pmatrix} = \boldsymbol{P}\begin{pmatrix} e_2 \\ e_3 \end{pmatrix} \tag{4.29}$$

一定存在A_2,A_3，使矩阵$\boldsymbol{P}$的任意特征值满足

$$|\arg(\lambda)| > 0.5q\pi \tag{4.30}$$

则

$$\lim_{t\to\infty} e_2 = \lim_{t\to\infty}(y_2-x_2) = 0$$

$$\lim_{t\to\infty} e_3 = \lim_{t\to\infty}(y_3-x_3) = 0$$

即驱动系统(4.21)和响应系统(4.22)实现了同步。

4.4.2　反馈控制同步仿真

现取初值

$$(x_1(0),x_2(0),x_3(0)) = (17\quad 14\quad 29)$$

$$(y_1(0),y_2(0),y_3(0)) = (25\quad 36\quad 24)$$

$\sigma=10$，　$r=25$，　$\beta=8/3$，　$a=4$，　$b=1$，　$c=70$，　$q=0.998\,2$

由图 4. 13 可知,随着 $t\to\infty$,同步误差 $e(t)\to 0$,即系统(4. 21)和系统(4. 22)实现了同步。

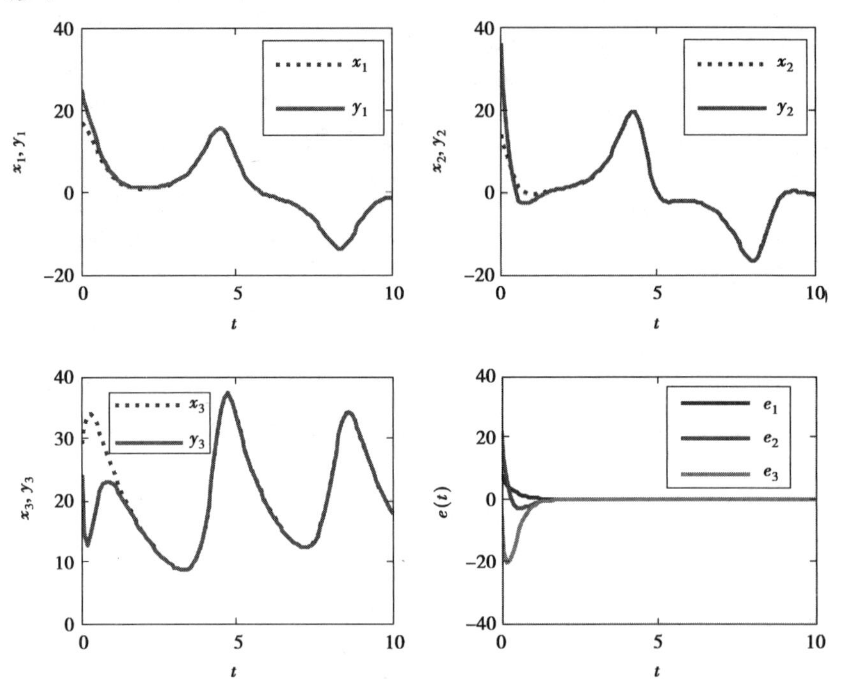

图 4. 13　控制器式(4. 23)作用下系统(4. 21)和系统(4. 22)的误差响应图

第5章 超混沌激光系统

本章通过对三模激光系统增加非线性控制器，构造出四模超混沌激光系统，通过构造正定径向无界的 Lyapunov 函数簇，给出超混沌激光系统的全局指数吸引集和正向不变集的估计结果。采用单变量自适应器实现在存在时滞和不确定参数时超混沌激光系统的同步，得到了参数估计和同步的结果。通过线性反馈控制的方法，实现整数阶超混沌 Lorenz 系统和分数阶超混沌激光系统的同步，理论和数值仿真均验证了上述控制器的有效性。

5.1 超混沌激光系统的构造

三模激光混沌系统为

$$\begin{cases} \dot{x} = -\sigma x + y \\ \dot{y} = -\beta y + xz \\ \dot{z} = d - z - xy \end{cases} \tag{5.1}$$

式中 σ, β, d——参数；

(x, y, z)——系统的状态变量。

当$(\sigma,\beta,d)=(4,1,70)$时，系统(5.1)展示出混沌状态(见图5.1—图5.4)。

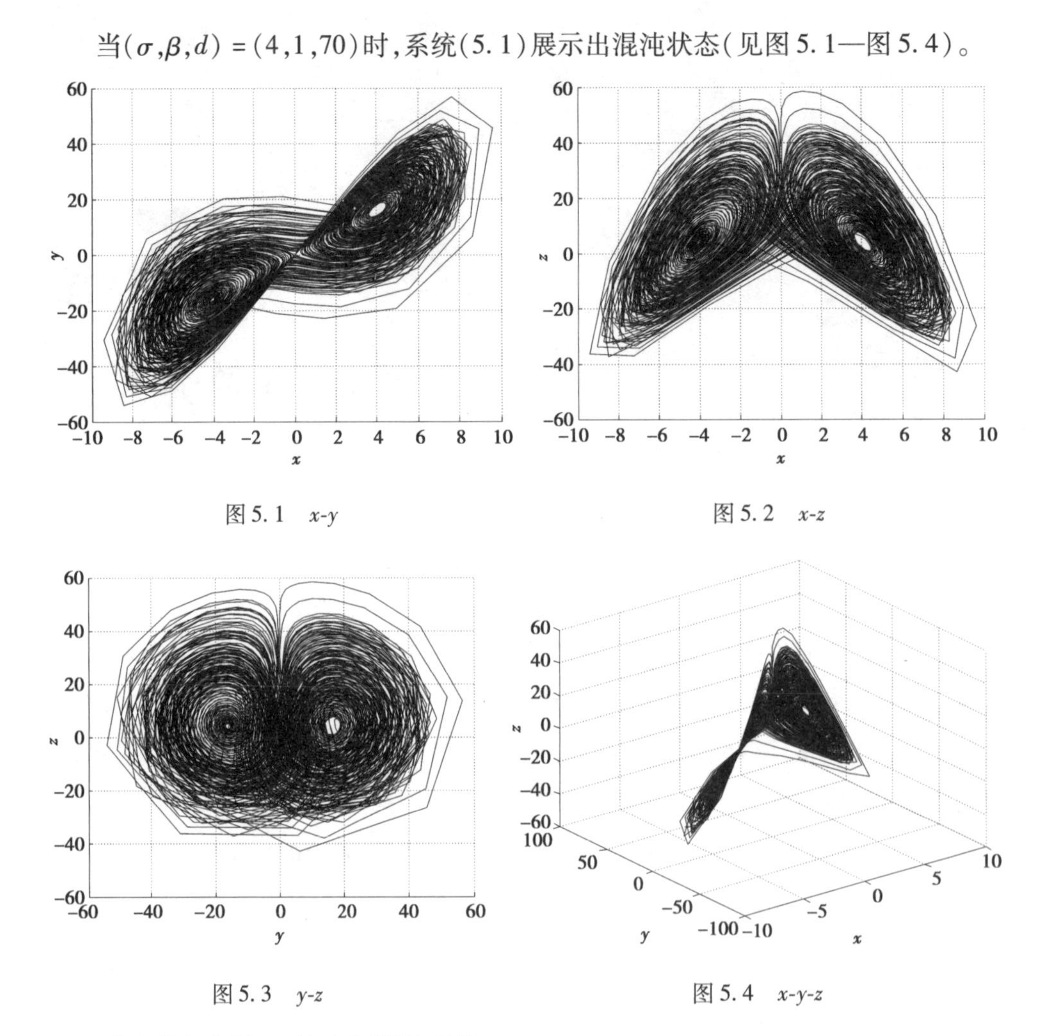

图5.1　x-y

图5.2　x-z

图5.3　y-z

图5.4　x-y-z

通过引入变量w，构造超混沌系统

$$
\begin{cases}
\dot{x}=-\sigma x+y+w\\
\dot{y}=-\beta y+xz+w\\
\dot{z}=d-z-xy\\
\dot{w}=-ax-by-w
\end{cases}
\tag{5.2}
$$

对动力系统(5.2)，当参数$(a,b)=(2,5)$，σ,β,d与(5.1)取值相同时，系统(5.2)的 Lyapunov 指数分别为$\lambda_1=0.234\ 29$，$\lambda_2=0.012\ 308$，$\lambda_3=-0.104\ 68$，$\lambda_4=-7.141\ 9$。存在两个大于零的 Lyapunov 指数，即系统(5.2)存在超混沌现象。如图5.5—图5.10所示为超混沌吸引子。

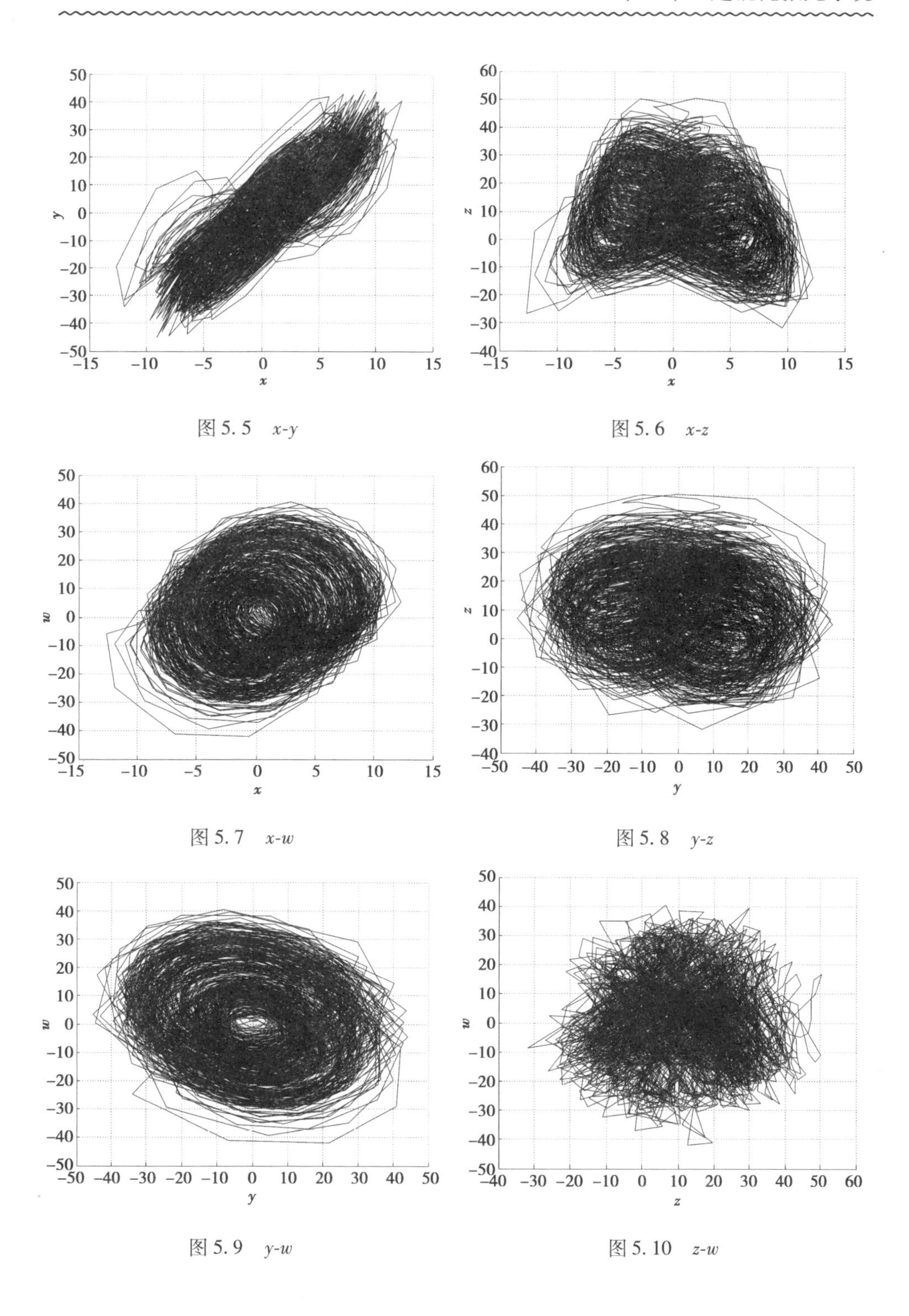

图 5.5　x-y

图 5.6　x-z

图 5.7　x-w

图 5.8　y-z

图 5.9　y-w

图 5.10　z-w

5.2 超混沌激光系统的全局指数吸引集和正向不变集

混沌系统的运动是有界的,即在全局吸引集外不存在其他的混沌吸引子、周期运动、平衡点等动力行为。因此,对一个混沌系统,其全局指数吸引集合正向不变集拥有重要的作用。

下面以四维混沌系统为例,介绍混沌全局吸引集的相关定义。

定义 5.1 记 $\boldsymbol{X}=(x,y,z,w)$ 是系统(5.2)的状态向量, $Q\subset R^4$ 为任意包含原点的紧集, $t_0\geqslant 0$ 为初始时间。$X(t,t_0,X_0)$ 为满足 $X(t_0,t_0,X_0)=X_0$ 系统的解,在不被混淆的情况下记为 $X(t)$。其中,解向量 $X(t,t_0X_0)$ 到集合 Q 的距离定义为 $\rho(X(t,t_0,X_0),Q)=\inf\limits_{X\in Q}\|X(t,t_0,X_0)-\hat{X}\|$。定义 Q_ε 是包含 Q 的任意的一个集合,即 $Q\in Q_\varepsilon$。

定义 5.2 若 R^4 内存在一个紧集 Q,使其对 $\forall X_0\in R^4/Q$,当 $t\to\infty$ 时,有 $\rho(X(t),Q)\to 0$,即存在 $T>t_0$。当 $t\geqslant T+t_0$ 时,有 $X(t,t_0,X_0)\subseteq Q_\varepsilon$,则称 Q 为系统(5.2)的一个全局吸引集。具有全局吸引集的系统,称为 Lagrange 全局渐近稳定系统或最终有界意义下的耗散系统。对 $\forall X_0\in Q$,当 $t\geqslant t_0$ 时,恒有 $X(t,t_0,X_0)\subseteq Q$,则称 Q 为系统(5.2)的一个正向不变集。

从定义可知,Q 为全局吸引集时,任意 Q_ε 也是全局吸引集。

定理 5.1 设 $\sigma>1,\beta>1,a>0,b>0,c>1$。对任意的常数 $m\geqslant 0$,广义椭球

$$\Omega_m:mx^2+\frac{bm}{a}y^2+\frac{bm}{a}\left(z+\frac{a}{b}\right)^2+\frac{m}{a}w^2\leqslant\frac{bm}{a}d^2+\frac{a}{b}m+2md$$

是系统(5.2)的一个全局指数吸引集和正向不变集。

证明 构造一个广义正定径向无界的 Lyapunov 函数

$$V=mx^2+\frac{bm}{a}y^2+\frac{bm}{a}\left(z+\frac{a}{b}\right)^2+\frac{m}{a}w^2$$

沿系统(5.2)的轨线, V 关于时间的导数为

$$\dot{V}=2mx\dot{x}+\frac{2bm}{a}y\dot{y}+\frac{2bm}{a}\left(z+\frac{a}{b}\right)\dot{z}+\frac{2m}{a}w\dot{w}$$

$$= 2mx(-\sigma x + y + w) + \frac{2bm}{a}y(-\beta y + xz + w) +$$

$$\frac{2bm}{a}\left(z + \frac{a}{b}\right)(d - z - xy) +$$

$$\frac{2m}{a}w(-ax - by - w)$$

$$= -2m\sigma x^2 - 2\frac{bm\beta}{a}y^2 - 2\frac{bm}{a}z^2 - 2\frac{m}{a}w^2 -$$

$$2mz + 2\frac{bmd}{a}z + 2md$$

$$= -V + F(X)$$

其中,$X=(x,y,z,w)$。定义函数

$$F(X) = (-2m\sigma + m)x^2 + \left(\frac{bm - 2bm\beta}{a}\right)y^2 - \frac{bm}{a}z^2 + \left(\frac{m - 2m}{a}\right)w^2 + \frac{2bdm}{a}z + \frac{a}{b}m + 2md$$

下面来计算 $F(X)$关于(x,y,z,w)的拉格朗日极值。因为 $F(X)$为二次函数,则局部极大值为全局极大值,故令

$$\begin{cases} \dfrac{\partial F}{\partial x} = 2(-2\sigma + m)x = 0 \\ \dfrac{\partial F}{\partial y} = 2\left(\dfrac{bm - bm\beta}{a}\right)y = 0 \\ \dfrac{\partial F}{\partial z} = -\dfrac{2bm}{a}z + \dfrac{2bdm}{a} = 0 \\ \dfrac{\partial F}{\partial w} = 2\left(\dfrac{m - 2m}{a}\right)w = 0 \end{cases}$$

得到 $x=0,y=0,z=d,w=0$。

$F(X)$的二阶偏导为

$$\begin{cases} \dfrac{\partial^2 F}{\partial x^2} = 2(-2m\sigma + m) < 0 & \text{当}\ \sigma > \dfrac{1}{2} \\ \dfrac{\partial^2 F}{\partial y^2} = 2\left(\dfrac{bm - bm\beta}{a}\right) < 0 & \text{当}\ \beta > \dfrac{1}{2} \\ \dfrac{\partial^2 F}{\partial z^2} = -\dfrac{2bm}{a} < 0 & \text{当}\ ab > 0 \\ \dfrac{\partial^2 F}{\partial w^2} = 2\left(\dfrac{m - 2m}{a}\right) < 0 & \text{当}\ a > 0 \end{cases}$$

$$\frac{\partial^2 F}{\partial x \partial y}=\frac{\partial^2 F}{\partial x \partial z}=\frac{\partial^2 F}{\partial x \partial w}=\frac{\partial^2 F}{\partial y \partial z}=\frac{\partial^2 F}{\partial y \partial w}=\frac{\partial^2 F}{\partial z \partial w}=0$$

因此

$$\begin{aligned}\sup_{x \in R^4} F(X) &= F(x,y,z,w)\big|_{(x=0,y=0,z=d,w=0)} \\ &= \frac{bmd^2}{a}+\frac{a}{b}m+2md\end{aligned}$$

当 $V>\frac{bmd^2}{a}+\frac{a}{b}m+2md$ 时，$\dot{V}<0$，故

$$\lim_{t \to +\infty} \rho(X(t,t_0,X_0),\Omega_m)=0 \tag{5.3}$$

用反正法来证明式(5.3)。设系统(5.1)的所有轨线都在 Ω_m 之外，因为 $V_m(X)$ 在 Ω_m 之外是严格单调下降的，所以有极限

$$\lim_{t \to \infty} V_m(X(t))=V_m^* > \left(\frac{bmd^2}{a}+\frac{a}{b}m+2md\right)$$

是存在的。令

$$l=\inf_{X \in D}\left(-\frac{\mathrm{d}V_m(X)}{\mathrm{d}t}\right)\left\{\begin{matrix}D:V_m^* \leqslant mx^2(t)+\frac{bm}{a}y^2(t)+\frac{bm}{a}\left(z(t)+\frac{a}{b}\right)^2+\frac{m}{a}w^2(t) \leqslant \\ mx^2(t_0)+\frac{bm}{a}y^2(t_0)+\frac{bm}{a}\left(z(t_0)+\frac{a}{b}\right)^2+\frac{m}{a}w^2(t_0)=V_m(X(t_0))\end{matrix}\right\}$$

其中，$l>0$，$V_m^*>0$ 为常数，故可得

$$\frac{\mathrm{d}V_m(X)}{\mathrm{d}t} \leqslant -l$$

因此，当 $t \to \infty$，有 $0 \leqslant V_m(X(t))<V_m(x(t_0))-l(t-t_0) \to -\infty$。这显然是一个矛盾，故式(5.3)是成立的。

根据定义 5.2，可判定系统 Ω_m 是系统(5.1)的一个全局吸引集和正向不变集。

5.3 带不确定参数和时滞的超混沌激光系统的自适应同步

5.3.1 时滞超混沌激光系统

本节研究拥有不确定参数和时滞的超混沌激光系统的自适应同步控制问题，假

设驱动系统为

$$
\begin{cases}
\dot{x}_1 = -\sigma x_1 + x_2(t-\tau) + x_4 \\
\dot{x}_2 = -\beta x_2 + x_1 x_3 + x_4 \\
\dot{x}_3 = d - x_3 - x_1 x_2 \\
\dot{x}_4 = -a x_1 - b x_2 - x_4
\end{cases}
\tag{5.4}
$$

式中　x_1, x_2, x_3, x_4——系统状态向量；

σ, β, d, a, b——系统参数；

τ——延迟时间。

当 $\sigma=4, \beta=1, d=70, a=2, b=5, \tau=1.6$ 时，空间相图如图 5.11—图 5.16 所示。

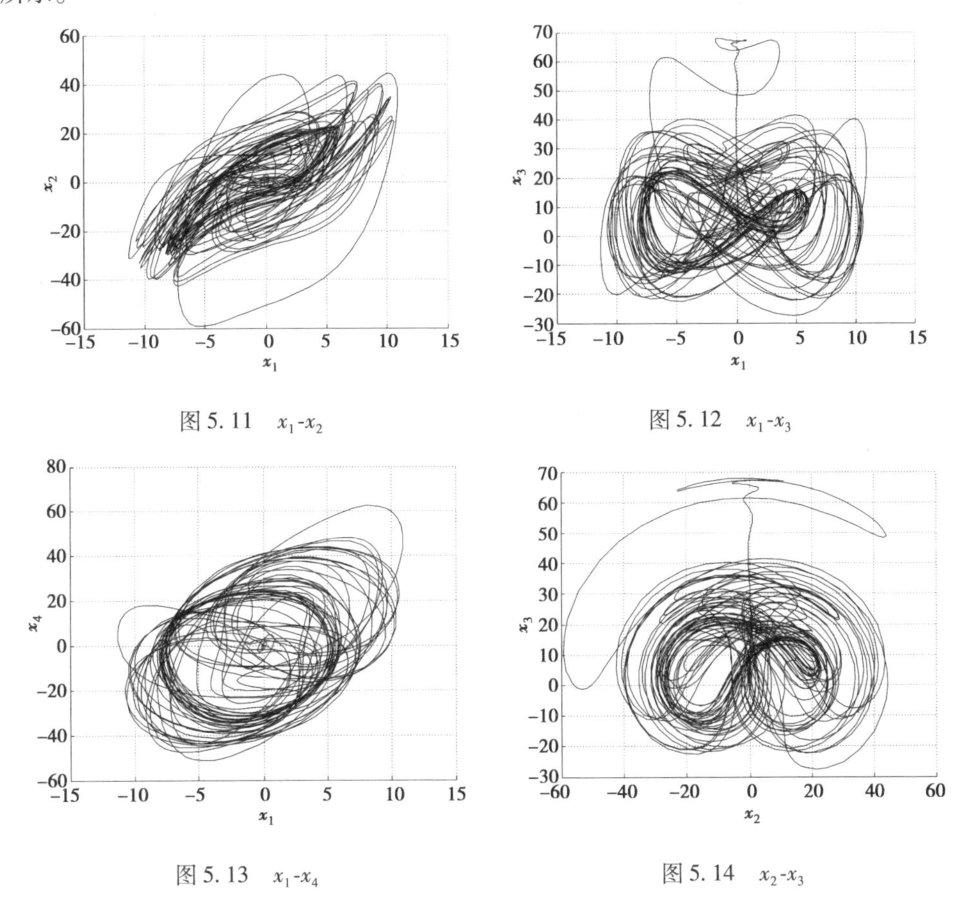

图 5.11　x_1-x_2

图 5.12　x_1-x_3

图 5.13　x_1-x_4

图 5.14　x_2-x_3

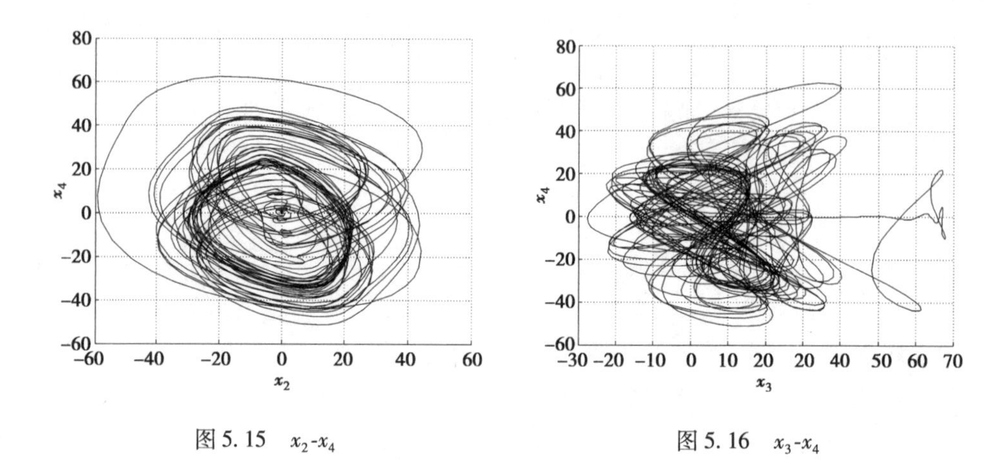

图 5.15　x_2-x_4

图 5.16　x_3-x_4

5.3.2　自适应控制设计

假设驱动系统为系统(5.4),则对应的受控响应系统为

$$\begin{cases} \dot{y}_1 = -\sigma_1(t)y_1 + y_2(t-\tau) + y_4 + \mu_1 \\ \dot{y}_2 = -\beta_1(t)y_2 + y_1y_3 + y_4 + \mu_2 \\ \dot{y}_3 = d_1(t) - y_3 - y_1y_2 + \mu_3 \\ y_4 = -a_1(t)y_1 - b_1(t)y_2 - y_4 + \mu_4 \end{cases} \tag{5.5}$$

式中　$\sigma_1(t)$, $\beta_1(t)$, $d_1(t)$, $a_1(t)$, $b_1(t)$——需要被估计的参数;

μ_1, μ_2, μ_3, μ_4——需要设计的控制器。

假设 $e_1 = y_1 - x_1$, $e_2 = y_2 - x_2$, $e_3 = y_3 - x_3$, $e_4 = y_4 - x_4$, $e_5 = y_5 - x_5$,故误差动力系统为

$$\begin{cases} \dot{e}_1 = -\sigma e_1 + e_2(t-\tau) + e_4 + (\sigma - \sigma_1(t))y_1 + \mu_1 \\ \dot{e}_2 = -\beta e_2 + e_1e_3 + x_1e_3 + x_3e_1 + (\beta - \beta_1(t))y_2 + \mu_2 \\ \dot{e}_3 = -e_3 - e_1e_2 - x_1e_2 - x_2e_1 + d_1(t) - d + \mu_3 \\ \dot{e}_4 = -e_4 - ae_1 - be_2 + (a - a_1(t))y_1 + (b - b_1(t))y_2 + \mu_4 \end{cases} \tag{5.6}$$

定理 5.2　对驱动系统(5.4)与响应系统(5.5)是同步的,如果选取控制器

$$\mu_1 = -ke_1,\quad \mu_2 = \mu_3 = \mu_4 = 0 \tag{5.7}$$

参数的自适应更新率为

$$
\begin{cases}
\dot{k} = e_1^2 \\
\dot{\sigma}_1(t) = y_1 e_1 \\
\dot{\beta}_1(t) = y_2 e_2 \\
\dot{d}_1(t) = -e_3 \\
\dot{a}_1(t) = y_1 e_4 \\
\dot{b}_1(t) = y_2 e_4
\end{cases} \tag{5.8}
$$

式中　k——反馈增益。

证明　构造一个正定径向无界的 Lyapunov 函数为

$$
V = \frac{1}{2}\left[\sum_{i=1}^{4} e_i^2 + (k-\hat{k})^2 + (\sigma_1(t)-\sigma)^2 + (\beta_1(t)-\beta)^2 + (d_1(t)-d)^2 + (a_1(t)-a)^2 + (b_1(t)-b)^2\right] + \alpha\int_{t-\tau}^{t} e_2^2 \mathrm{d}t \tag{5.9}
$$

其中，$\hat{k}>0,\alpha>0$。因为混沌系统是有界的，所以当 $t>0$ 总是存在正常数 M 满足

$$
M \geqslant x_i(t)\,(i=1,2,3,4)
$$

$V(t)$沿着误差系统(5.6)的导数为

$$
\begin{aligned}
\dot{V} =\ & e_1\dot{e}_1 + e_2\dot{e}_2 + e_3\dot{e}_3 + e_4\dot{e}_4 + (k-\hat{k})\dot{k} + (\sigma_1(t)-\sigma)\dot{\sigma}_1(t) + (\beta_1(t)-\beta)\dot{\beta}_1(t) + \\
& (d_1(t)-d)\dot{d}_1(t) + (a_1(t)-a)\dot{a}_1(t) + (b_1(t)-b)\dot{b}_1(t) + \alpha e_2^2 - \sigma e_2^2(t-\tau) \\
=\ & -(\sigma+\hat{k})e_1^2 - \beta e_2^2 - e_3^2 - e_4^2 + \alpha e_2^2 - \sigma e_2^2(t-\tau) + (1-a)e_1e_4 + (1-b)e_2e_4 + \\
& x_3e_1e_2 - x_2e_1e_3 + e_1e_2(t-\tau) \\
\leqslant & -\left(a+\hat{k}--\frac{1}{2}\lambda^{-1}\right)e_1^2 - (\beta-\alpha)e_2^2 - e_3^2 - e_4^2 + M|e_1e_2| + M|e_1e_3| + |1-a||e_1e_4| + \\
& |(1-b)||e_2e_4| + \left(\frac{1}{2}\lambda-\alpha\right)e_2^2(t-\tau) \\
=\ & -\boldsymbol{e}^{\mathrm{T}}\boldsymbol{P}\boldsymbol{e} + \left(\frac{1}{2}\lambda-\alpha\right)e_2^2(t-\tau)
\end{aligned} \tag{5.10}
$$

当 $\boldsymbol{e}=(e_1,e_2,e_3,e_4)^{\mathrm{T}}$，则

$$P=\begin{pmatrix}\sigma+\hat{k}-\frac{1}{2}\lambda^{-1} & \frac{M}{2} & \frac{M}{2} & \frac{1-a}{2}\\ \frac{M}{2} & \beta-\alpha & 0 & \frac{1-b}{2}\\ \frac{M}{2} & 0 & -1 & 0\\ \frac{1-a}{2} & \frac{1-b}{2} & 0 & -1\end{pmatrix}$$

显然,选取合适的 λ, d, 满足 $\frac{1}{2}\lambda-\alpha<0$, 和足够大的 $\hat{k}$ 满足

$$\begin{cases}n_1:\hat{k}-+a_{11}>0\\ n_2:(\hat{k}+a_{11})a_{22}-a_{12}^2>0\\ n_3:(\hat{k}+a_{11})a_{22}a_{33}-a_{12}^2a_{33}-a_{13}^2a_{22})>0\\ n_4:\det(P)>0\end{cases}\tag{5.11}$$

其中

$$a_{11}=\sigma-\frac{1}{2}\lambda^{-1},\quad a_{12}=a_{13}=\frac{M}{2},\quad a_{22}=\beta-\alpha,\quad a_{33}=-1$$

显然, $\dot{V}<0$。根据 Lyapunov 稳定性理论,误差系统(5.6)是渐近稳定的,即驱动系统(5.4)与响应系统(5.5)实现了同步。

5.3.3 数值仿真

现取初值

$$(x_1(0),x_2(0),x_3(0),x_4(0))=(1,2,3,4)$$
$$(y_1(0),y_2(0),y_3(0),y_4(0))=(5,6,7,8)$$
$$\sigma=4,\quad \beta=1,\quad d=70,\quad a=2,\quad b=5,\quad \tau=1.6$$

图 5.17 给出了同步误差和参数估计的仿真。显然,同步误差渐近趋于零,不匹配的参数也趋近实际参数。

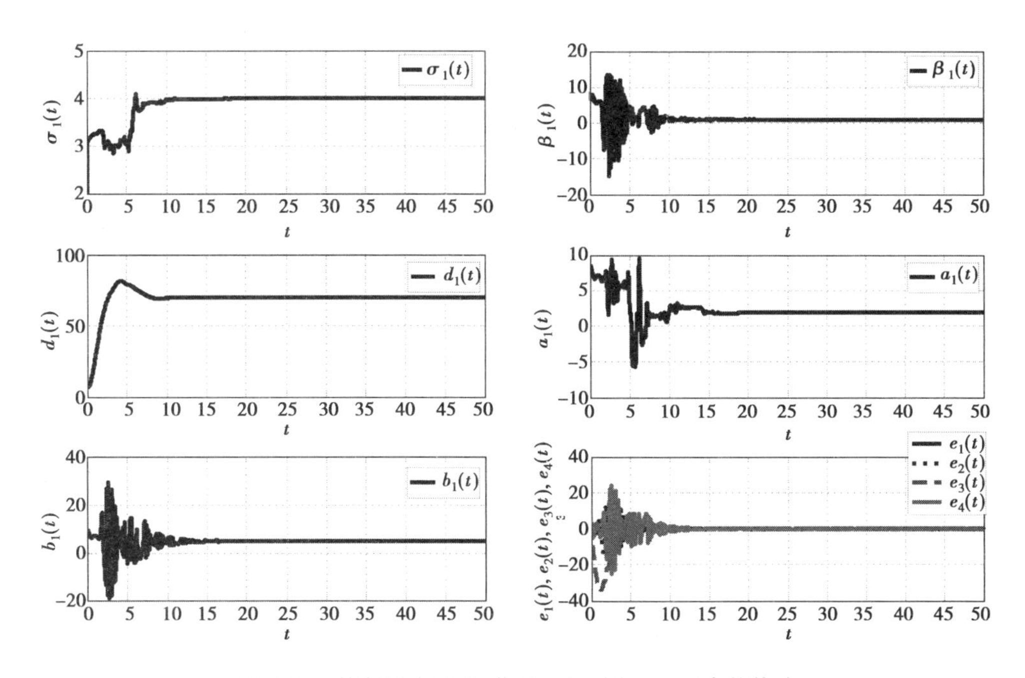

图5.17　控制器式(5.7)作用下的同步误差及参数估计

5.4　分数维超混沌激光系统与整数维 Lorenz 系统的同步控制

5.4.1　系统介绍

分数维超混沌激光系统为

$$\begin{cases} D^q y_1 = -\sigma y_1 + y_2 + y_4 \\ D^q y_2 = -\beta y_2 + y_1 y_3 + y_4 \\ D^q y_3 = d - y_3 - y_1 y_2 \\ D^q y_4 = -a y_1 - b y_2 - y_4 \end{cases} \tag{5.12}$$

当 $\sigma = 4, \beta = 1, d = 70, a = 2, b = 5, q = 0.99$ 时，图5.18—图5.23给出分数维超混沌激光系统的空间相图。

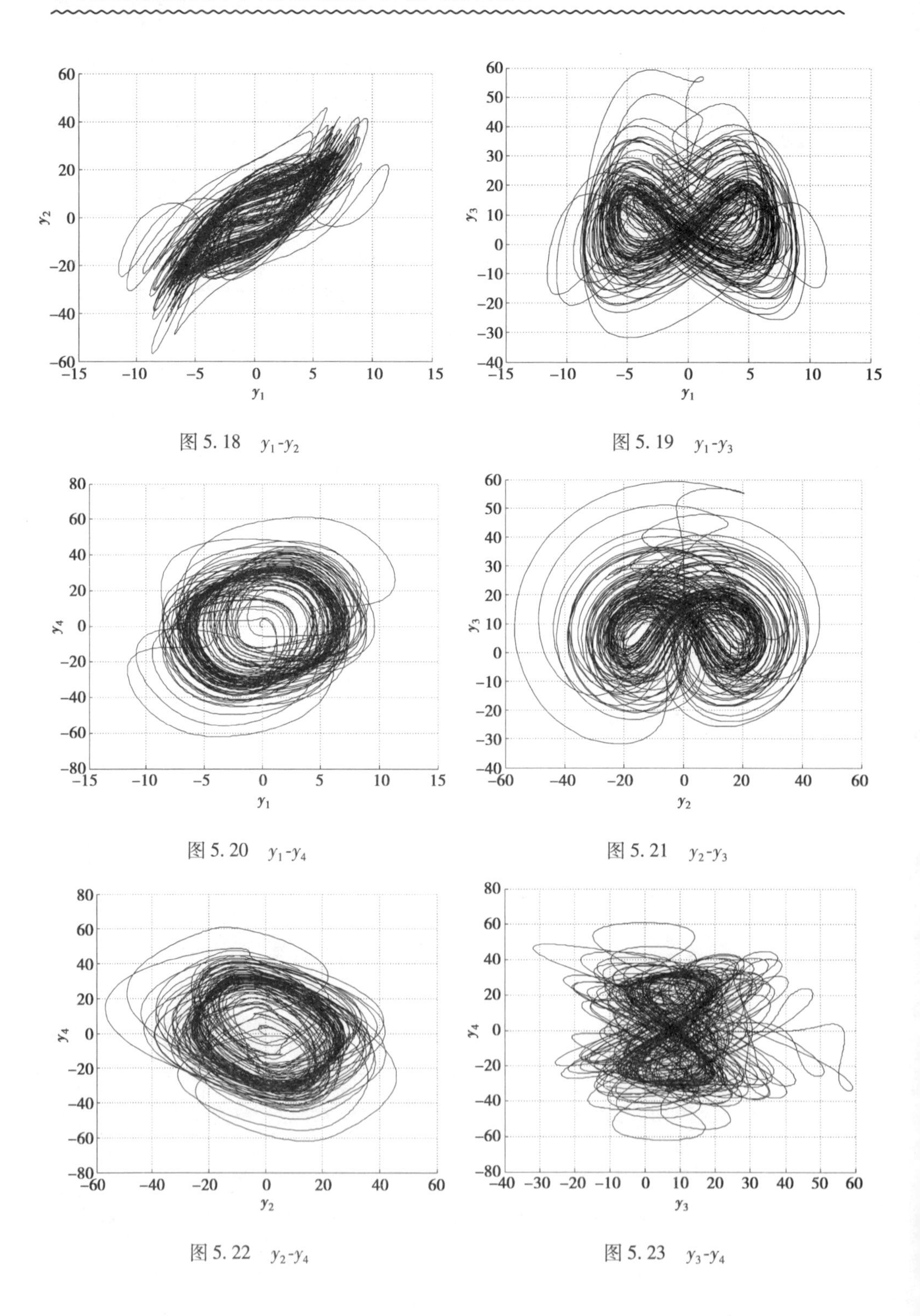

图 5.18　y_1-y_2

图 5.19　y_1-y_3

图 5.20　y_1-y_4

图 5.21　y_2-y_3

图 5.22　y_2-y_4

图 5.23　y_3-y_4

假设驱动系统为超混沌 Lorenz 系统,即

$$\begin{cases}\dot{x}_1 = \alpha(x_2 - x_1) + x_4 \\ \dot{x}_2 = rx_1 - x_1x_3 - x_2 \\ \dot{x}_3 = x_1x_2 - \beta x_3 \\ \dot{x}_4 = -x_2x_3 + x_4\end{cases} \tag{5.13}$$

当 $\alpha = 10, r = 28, c = \frac{8}{3}$ 时,系统 (5.13) 为混沌状态。图 5.24—图 5.29 给出系统(5.13)的超混沌吸引子。

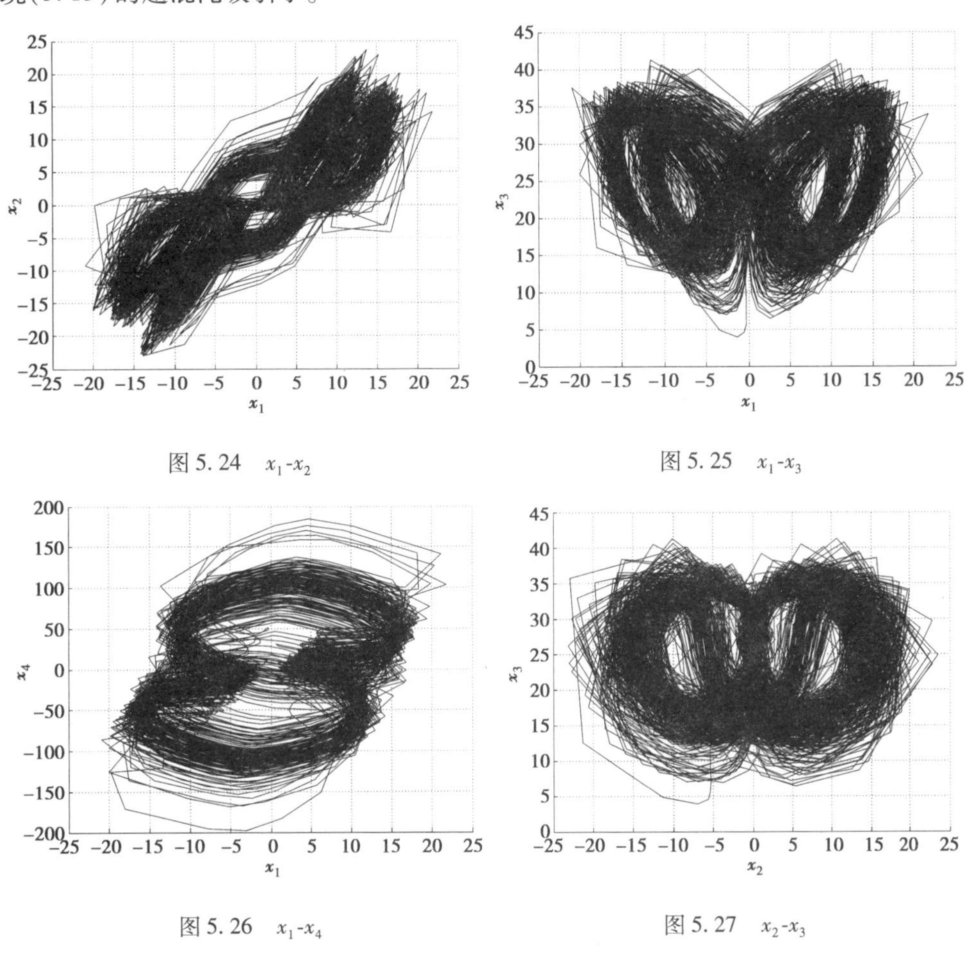

图 5.24　x_1-x_2

图 5.25　x_1-x_3

图 5.26　x_1-x_4

图 5.27　x_2-x_3

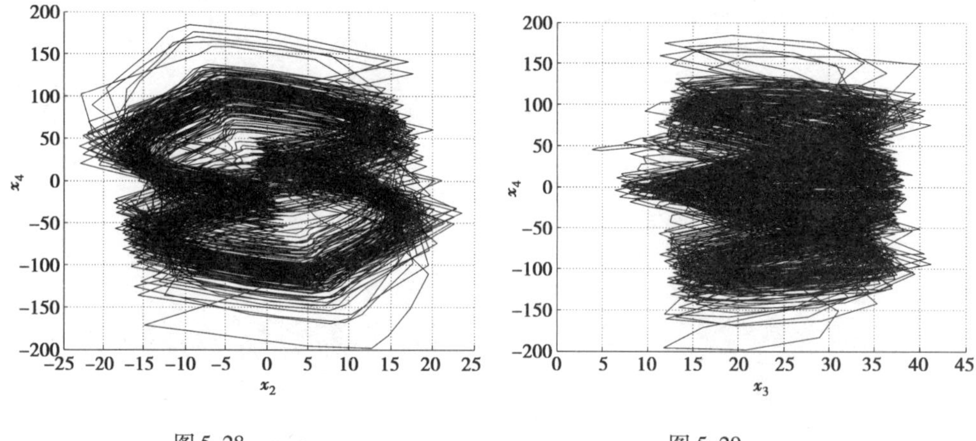

图 5.28　x_2-x_4

图 5.29　x_3-x_4

受控的响应系统为

$$\begin{pmatrix} D^q y_1 \\ D^q y_2 \\ D^q y_3 \\ D^q y_4 \end{pmatrix} = \begin{pmatrix} -\sigma y_1 + y_2 + y_4 \\ -\beta y_2 + y_1 y_3 + y_4 \\ d - y_3 - y_1 y_2 \\ -a y_1 - b y_2 - y_4 \end{pmatrix} + \mu(t) + U(y(t), x(t)) \tag{5.14}$$

式中　$U(y(t),x(t))$——反馈控制器。

5.4.2　反馈控制器设计

定理 5.3　系统 (5.13)和系统(5.14)是渐近同步的,当控制器取

$$\mu(x(t)) = D^q x - f(x(t)) \tag{5.15}$$

其中

$$f(x(t)) = \begin{pmatrix} -\sigma x_1 + x_2 + x_4 \\ -\beta x_2 + x_1 x_3 + x_4 \\ d - x_3 - x_1 x_2 \\ -a x_1 - b x_2 - x_4 \end{pmatrix}$$

证明　假设 $e_1 = y_1 - x_1, e_2 = y_2 - x_2, e_3 = y_3 - x_3, e_4 = y_4 - x_4$, 则误差动力系统为

$$\begin{pmatrix} D^q e_1(t) \\ D^q e_2(t) \\ D^q e_3(t) \\ D^q e_4(t) \end{pmatrix} = \begin{pmatrix} -\sigma e_1 + e_2 + e_4 \\ -e_2 + e_1 e_3 + x_1 e_3 + x_3 e_1 + e_4 \\ -e_3 - e_1 e_2 - x_1 e_2 - x_2 e_1 \\ -a e_1 - b e_2 - e_4 \end{pmatrix} + U(y(t),x(t)) \tag{5.16}$$

令

$$e(t) = \begin{pmatrix} e_1(t) \\ e_2(t) \end{pmatrix} \tag{5.17}$$

其中

$$e_1(t) = e_1, \quad e_2(t) = (e_2, e_3, e_4)^{\mathrm{T}}$$

则系统(5.16) 变为

$$\begin{pmatrix} D^q e_1(t) \\ D^q e_2(t) \end{pmatrix} = \begin{pmatrix} A e_1 + F_1(x(t), e_1(t), e_2(t)) \\ B e_2 + F_{21}(x(t), e_1(t), e_2(t)) + F_{22}(x(t), e_2(t)) \end{pmatrix} + U(y(t),x(t)) \tag{5.18}$$

其中

$$\begin{cases} A = -\sigma, \quad B = \begin{pmatrix} -1 & 0 & 1 \\ 0 & -1 & 0 \\ -5 & 0 & -1 \end{pmatrix}, \quad F_1 = e_2 + e_4 \\ F_{21}(x(t), e_1(t), e_2(t)) = \begin{pmatrix} e_1 e_3 + x_3 e_1 \\ -e_1 e_2 - x_2 e_1 \\ -a e_1 \end{pmatrix} \\ F_{22}(x(t), e_1(t), e_2(t)) = \begin{pmatrix} x_1 e_3 \\ -x_1 e_2 \\ 0 \end{pmatrix} \end{cases}$$

如果取反馈控制器为

$$U(y(t),x(t)) = \begin{pmatrix} B_1 e_1 - F_1 \\ B_2 e_2 - F_{22} \end{pmatrix} \tag{5.19}$$

则

$$\begin{pmatrix} D^q e_1(t) \\ D^q e_2(t) \end{pmatrix} = \begin{pmatrix} (-\sigma + B_1) e_1 \\ \left(\begin{pmatrix} -1 & 0 & 1 \\ 0 & -1 & 0 \\ -5 & 0 & -1 \end{pmatrix} + B_2 \right) e_2 + F_{21}(x(t), e_1(t), e_2(t)) \end{pmatrix} \tag{5.20}$$

当 $-\sigma + B_1 < 0$ 时，可得 $\lim\limits_{t \to \infty} e_1 = 0$，故当 $t \to \infty$ 时，则

$$\lim_{e_1(t) \to 0} F_{21}(x(t), e_1(t), e_2(t)) = \lim_{e_1(t) \to 0} \begin{pmatrix} e_1 e_3 + x_3 e_1 \\ -e_1 e_2 - x_2 e_1 \\ -a e_1 \end{pmatrix} = 0 \tag{5.21}$$

于是，系统(5.18)的第二个方程为

$$D^q e_2(t) = \left(\begin{pmatrix} -1 & 0 & 1 \\ 0 & -1 & 0 \\ -5 & 0 & -1 \end{pmatrix} + B_2 \right) e_2 = P e_2$$

则一定存在 $B_2 \in R^{3 \times 3}$ 使矩阵 $\boldsymbol{P}$ 的任意特征值满足

$$|\arg(\lambda)| > 0.5 q \pi \tag{5.22}$$

从而

$$\lim_{t \to \infty} e_2(t) = 0 \tag{5.23}$$

即

$$\lim_{t \to \infty} e_i = \lim_{t \to \infty} (y_i - x_i) = 0 \qquad i = 1,2,3,4$$

因此，驱动系统(5.13)与响应系统(5.14)实现了同步。

5.4.3 数值仿真

本节利用数值仿真来验证上述方法的有效性，取

$$B_1 = -4, \quad B_2 = \begin{pmatrix} 0 & 0 & -1 \\ 0 & 0 & 0 \\ 5 & 0 & 0 \end{pmatrix}$$

驱动系统(5.13)和响应系统(5.14)的初始条件分别为

$$(x_1(0), x_2(0), x_3(0), x_4(0)) = (17 \quad 14 \quad 29 \quad 5)$$

$$(y_1(0), y_2(0), y_3(0), y_4(0)) = (25 \quad 36 \quad 24 \quad 8)$$

取参数 $\sigma=4,\beta=1,d=70,a=2,b=5,\alpha=4,r=28,c=8/3,q=0.99$。图 5.30 给出了仿真结果。可知,不同初值的两个系统的运动轨线最终实现重合,即系统(5.13)和系统(5.14)实现了同步。

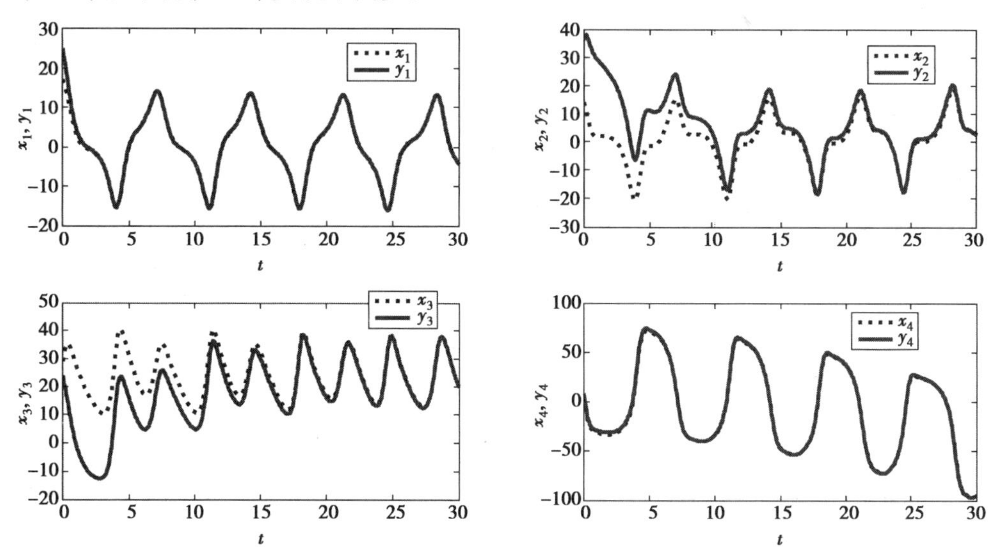

图 5.30　控制器式(5.15)作用下的同步

第 6 章 地磁系统的混沌行为及其仿真与同步研究

本章研究地磁系统的混沌行为及其数值仿真问题。首先进行全局稳定性分析，给出平衡点控制方案。其次设计线性反馈控制器,实现该混沌系统的同步。最后通过数值仿真,验证同步理论的有效性。

6.1 动力学行为与数值仿真

考虑地磁系统

$$\begin{cases} \dot{x} = \alpha(y - x) \\ \dot{y} = zx - y \\ \dot{z} = R - xy - vz \end{cases} \tag{6.1}$$

定点(x_0, y_0, z_0)满足条件

$$\begin{cases} x = y \\ x(z - 1) = 0 \\ x = \pm\sqrt{R - vz} = \pm\sqrt{R - v} \end{cases} \tag{6.2}$$

当 $R<v$ 时,系统(6.1)只有一个定点 $O\left(0,0,\frac{R}{v}\right)$;$R>v$ 时,有 3 个定态

$$O\left(0,0,\frac{R}{v}\right)$$

$$P^{+}\ (\sqrt{R-v},\sqrt{R-v},1)$$

$$P^{-}\ (-\sqrt{R-v},-\sqrt{R-v},1)$$

对点 $O\left(0,0,\frac{R}{v}\right)$,线性化方程在此定点的 Jacobi 矩阵为

$$\boldsymbol{J}=\begin{pmatrix}-\alpha & \alpha & 0\\ \frac{R}{v} & -1 & 0\\ 0 & 0 & -v\end{pmatrix} \tag{6.3}$$

于是,得到关于 O 点的特征值方程

$$(\lambda+v)\left[\lambda^{2}+(1+\alpha)\lambda+\left(1-\frac{R}{v}\right)\alpha\right]=0 \tag{6.4}$$

特征值为

$$\lambda_{1}=-v,\quad \lambda_{\pm}=\frac{\left[-(1+\alpha)\pm\sqrt{(1+\alpha)^{2}-4\left(1-\frac{R}{v}\right)}\right]}{2}$$

当 $R<v$ 时,则式中根号内的数总是小于$(1+\alpha)^{2}$,从而 λ_{+} 和 λ_{-} 都小于 $-\frac{(\alpha+1)}{2}$。因此,当 $R<v$ 时,$O\left(0,0,\frac{R}{v}\right)$是渐近稳定的。

当 $R>v$ 时,式中根号中的值大于$(1+\alpha)^{2}$,$\lambda_{\pm}$ 中的 λ_{+} 大于零,λ_{-} 小于零。因此,$O\left(0,0,\frac{R}{v}\right)$是一个鞍结点。

下面分析定点 P^{+} 和 P^{-}。

因方程具有反射对称性,即 $P^{+}(x_{0},y_{0},z_{0})$ 和 $P^{-}(-x_{0},-y_{0},z_{0})$ 性质完全相同,故只分析 P^{+}。

因此,在 P^{+} 的邻域其线性化方程的系数矩阵为

$$\boldsymbol{A}=\begin{pmatrix}-\alpha & \alpha & 0\\ 1 & -1 & \sqrt{R-v}\\ -\sqrt{R-v} & -\sqrt{R-v} & -v\end{pmatrix} \tag{6.5}$$

其特征值方程为

$$\lambda^3 + (\alpha + 1 + v)\lambda^2 + (\alpha v + R)\lambda + 2\alpha(R - v) = 0 \tag{6.6}$$

于是,得到其罗斯-霍维兹判别行列式为

$$\Delta_1 = \alpha + 1 + v > 0$$

$$\begin{aligned}\Delta_2 &= \begin{vmatrix} \alpha + 1 + v & 1 \\ 2\alpha(R - v) & \alpha v + R \end{vmatrix} \\ &= (\alpha + 1 + v)(\alpha v + R) - 2\alpha(R - v)\end{aligned}$$

$$\begin{aligned}\Delta_3 &= \begin{vmatrix} \alpha + 1 + v & 1 & 0 \\ 2\alpha(R - v) & \alpha v + R & \alpha + 1 + v \\ 0 & v & 2\alpha(R - v) \end{vmatrix} \\ &= (\alpha + 1 + v)(\alpha v + R)2\alpha(R - v) - [2\alpha(R - v)]^2 \\ &= 2\alpha(R - v)\Delta_2\end{aligned}$$

令$(\alpha+1+v)(\alpha v+R)-2\alpha(R-v)=0$时,$R$为$R_h$,则

$$R_h = \frac{\alpha v(3 + \alpha + v)}{\alpha - v - 1} \tag{6.7}$$

当$\alpha < v + 1$时,$R_h < 0$,R取负值时是无意义的。因此,只讨论$\alpha > v + 1$时的情形。

取$\alpha = 5, v = 1$,于是$R_h = 15$。当$R < R_h$时,$\Delta_2 > 0, \Delta_3 > 0$;反之,$R > R_h$时,$\Delta_2 < 0, \Delta_3 < 0$。因此,根据罗斯-霍维兹判据:

当$R < R_h$时,P^+和P^-都是稳定的。

当$R > R_h$时,P^+和P^-都是不稳定的。

将α, v值代入方程求解,得出R取不同值时系统稳定性及其运动轨线概貌和仿真结果如下:

①当$R < v = 1$时,只有一个稳定定态$O\left(0,0,\frac{R}{v}\right)$,故所有轨线最后都是趋于此稳定定态。因此,$O\left(0,0,\frac{R}{v}\right)$是一稳定结点,所有轨线最后都是趋于$O$点。

②当$1 < R < 1.143\ 75$时,O点变成不稳鞍结点,即一个方向不稳定,另两个方向稳定。出现了两个新的定态P^+和P^-,此时P^+和P^-是稳定的结点。因此,所有

轨线最终都趋于 P^+ 或 P^-（见图 6.1）。

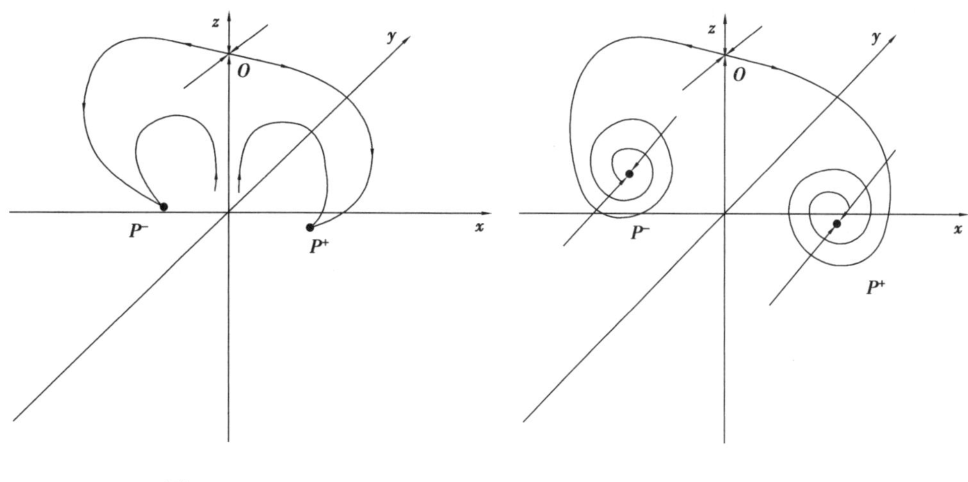

图 6.1　$R=1.10$　　　　图 6.2　$R=5.30$

③当 $1.143\ 75<R<11.269$ 时，3 个特征根中有一个是负实根，其余两个是实部为负的复根，即 P^+ 和 P^- 中有一个方向是稳定的，沿这个方向的轨线都将趋近于 P^+ 和 P^-，而垂直此方向的轨线以螺旋线形式收缩到这两点（稳定焦点上，见图 6.2）。其仿真图如图 6.3、图 6.4 所示。

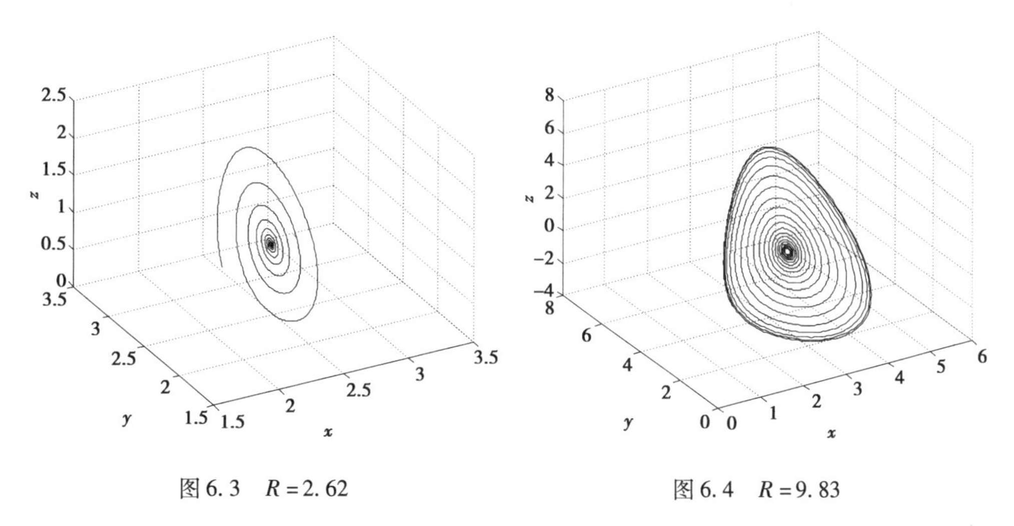

图 6.3　$R=2.62$　　　　图 6.4　$R=9.83$

④当 $R=11.269$ 时，由于 R 的增大，因此，绕 P^+ 或 P^- 的螺旋线越来越扩张，最后绕过 P^+ 或 P^- 后又回到了 O 点（见图 6.5）。

⑤当 $11.269 < R < R_h$ 时，由 O 点发出的轨线绕过 P^+ 或 P^- 后穿过 O 的稳定流形曲面到达另一侧，两侧轨线互相渗透，形成暂态混沌（见图 6.6）。

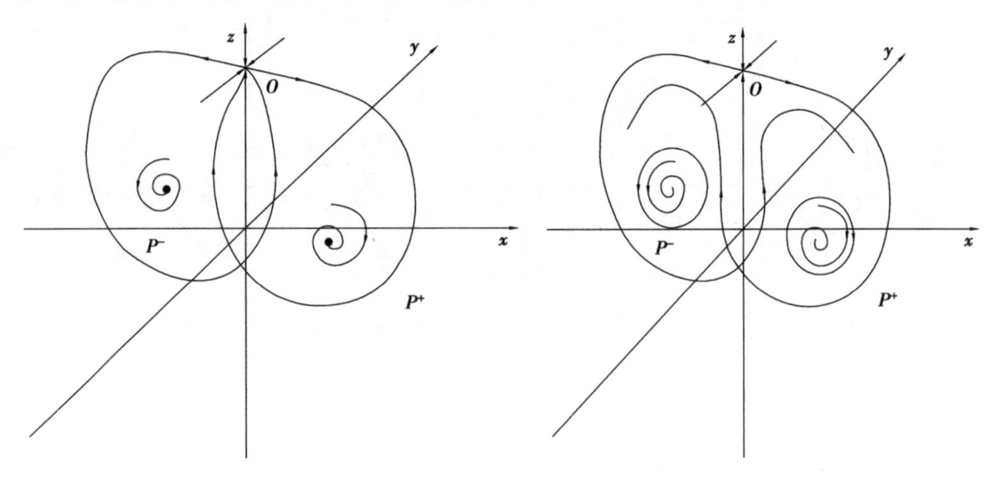

图 6.5　$R=11.269$　　　　图 6.6　$R=13.25$

⑥当 $R=R_h$ 时，发生了亚临界的霍普夫分岔，不稳定极限环出现（见图 6.7）。

⑦当 $R>R_h$，随着 R 增大，系统(6.1)的轨线一会儿绕平衡点 P^+ 运动，一会儿绕平衡点 P^- 运动，系统(6.1)的运动状态越来越复杂，最后变成奇异吸引子，进而出现混沌（见图 6.8）。其仿真图如图 6.9—图 6.11 所示。

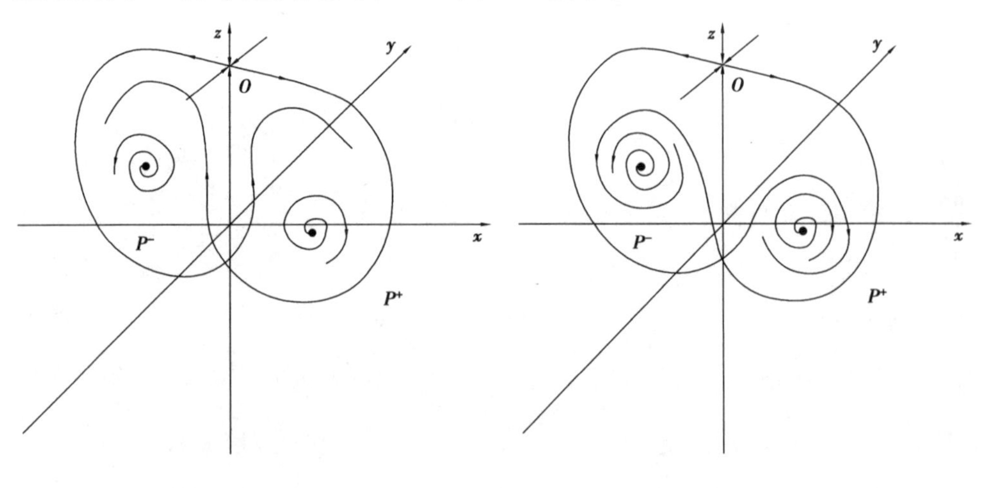

图 6.7　$R=16.05$　　　　图 6.8　$R=17.30$

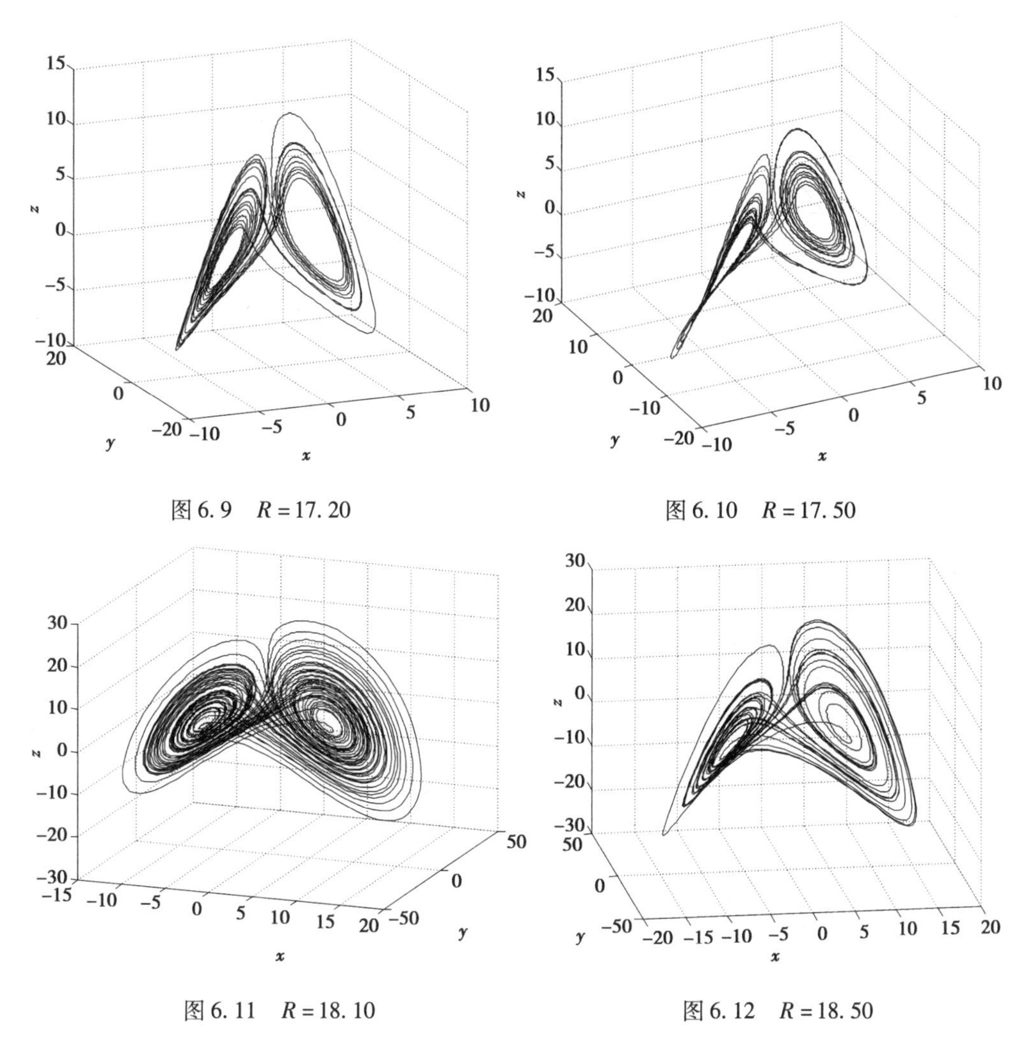

图6.9　$R=17.20$

图6.10　$R=17.50$

图6.11　$R=18.10$

图6.12　$R=18.50$

⑧当 $18.357<R<21.538$ 时,混沌吸引子逐步收缩成极限环,出现了倒分岔过程。数值结果表明,分岔点满足费根鲍姆常数(见图6.12—图6.14)。

⑨当 $22.538<R<25.823$ 时,再次进入混沌(见图6.15 和图6.16)。

⑩当 $R>25.823$ 时,奇异吸引子又开始逐步收缩成环面,仍是一个倒分岔过程,同样也满足费根鲍姆常数(见图6.17—图6.19)。

⑪图6.20 是系统(6.1)关于状态变量 x 的分岔图,图6.21 是系统的最大Lyapunov指数图像,图6.22 是系统的 Poincaré 截面图。通过图像可知,系统存在混沌现象,并观察到混沌现象从发生到终止的一系列过程。

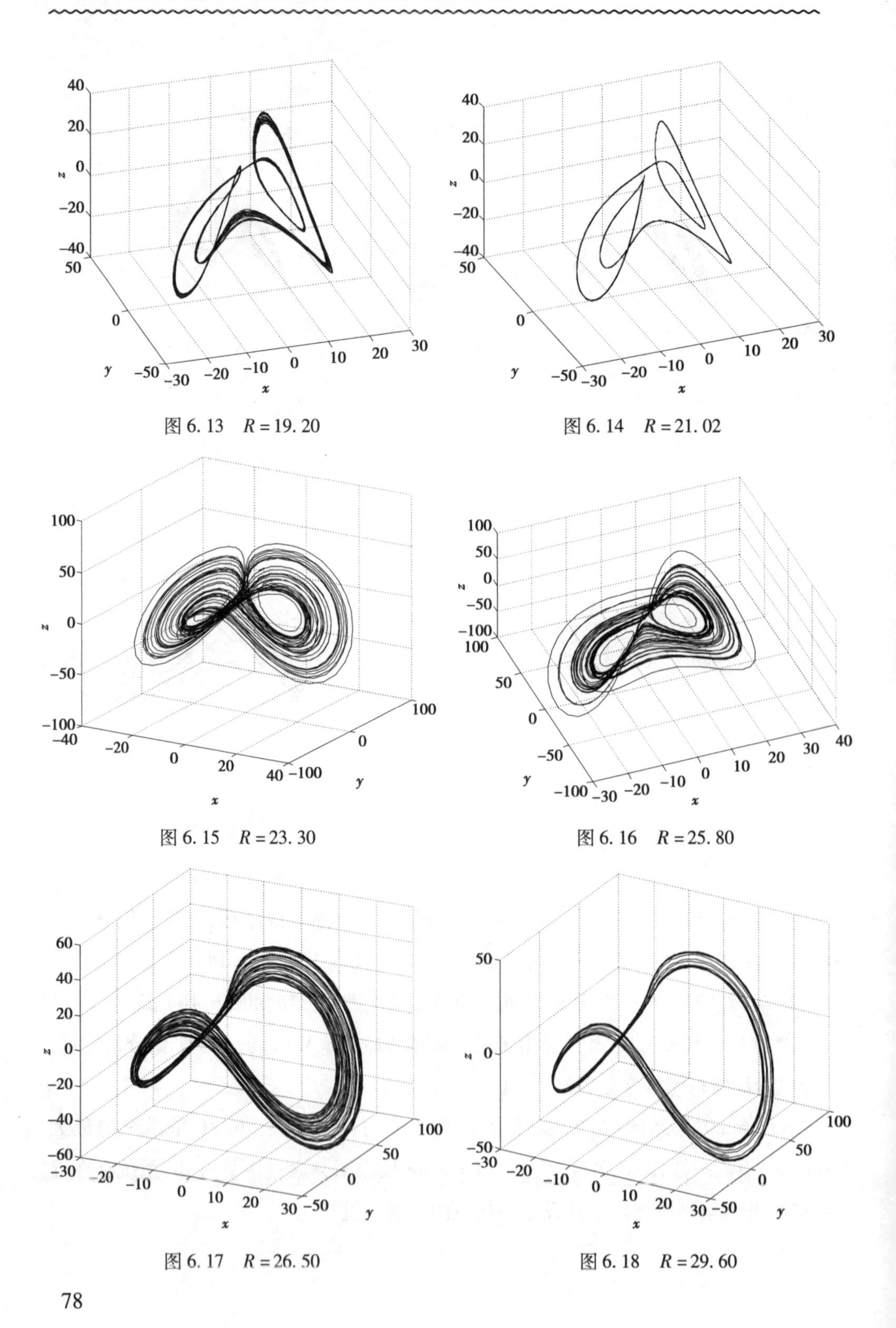

图 6.13　$R=19.20$

图 6.14　$R=21.02$

图 6.15　$R=23.30$

图 6.16　$R=25.80$

图 6.17　$R=26.50$

图 6.18　$R=29.60$

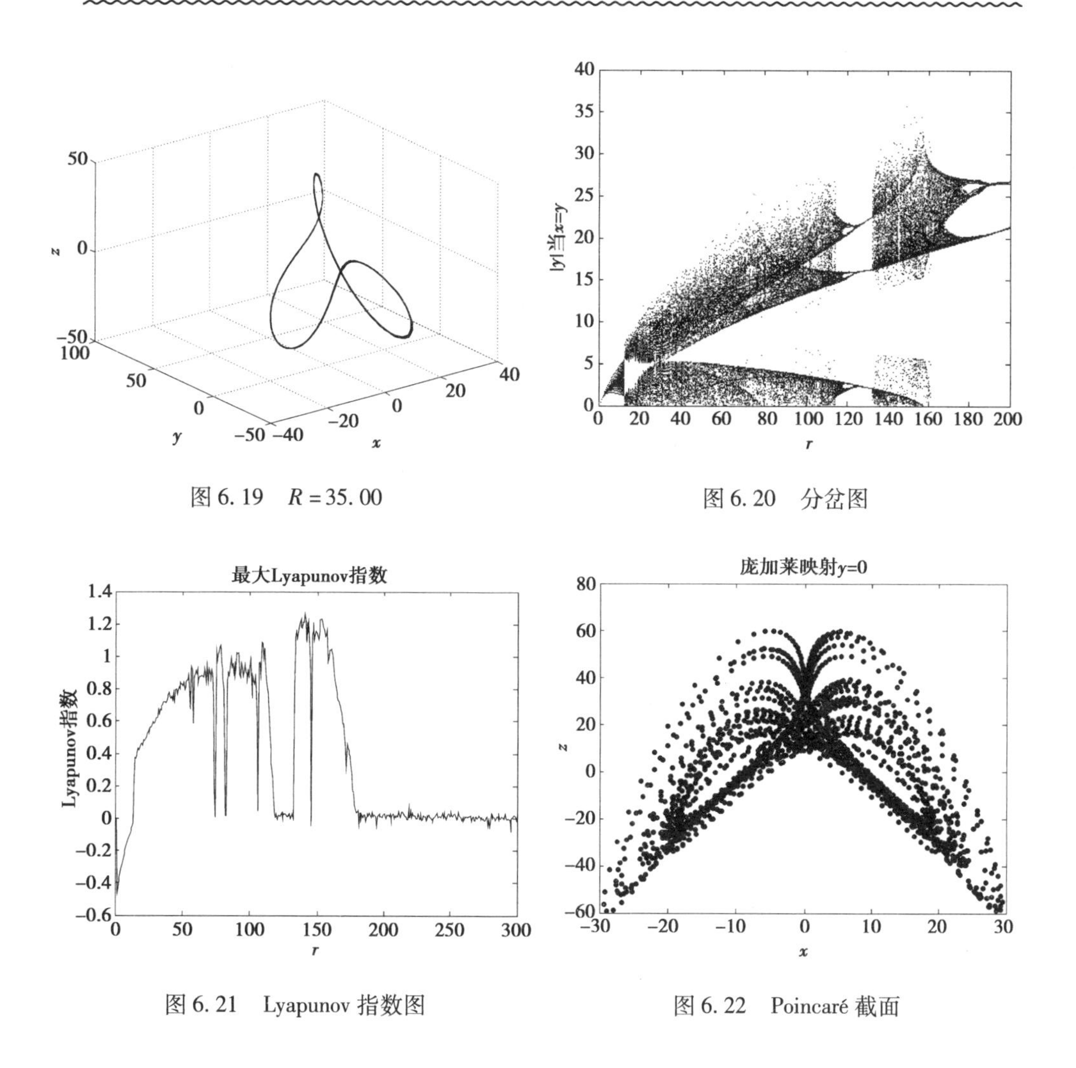

图6.19　$R = 35.00$

图6.20　分岔图

图6.21　Lyapunov 指数图

图6.22　Poincaré 截面

6.2　全局指数吸引集和正向不变集

本节讨论系统(6.1)的全局稳定性,给出该混沌系统的全局指数吸引集和正向不变集的估计式。

定理6.1　令 $\lambda \geqslant 0$,则

$$V = \lambda x^2 + y^2 + \left(z - \frac{v}{R}\right)^2 \tag{6.8}$$

$$L = \frac{\left(1 - \frac{1}{v}\right)^2 R^2}{1 - v} \tag{6.9}$$

对广义正定径向无界的 Lyapunov 函数 $V(X)$，当 $V(X_0) > L, V(X(t)) > L$ 时，有全局指数吸引集和正向不变集的估计式

$$V(X(t)) - L \leqslant (V(X_0) - L)\mathrm{e}^{-r(t-t_0)} \tag{6.10}$$

即 $\Omega = \{X \mid V(X(t)) \leqslant L\}$ 是系统(6.1)全局指数吸引集和正向不变集。

证明　构造一个正定径向无界的 Lyapunov 函数

$$V = \lambda x^2 + y^2 + \left(z - \frac{v}{R}\right)^2 \tag{6.11}$$

计算 V 关于时间的导数，有

$$\begin{aligned}
\frac{\mathrm{d}V}{\mathrm{d}t} &= 2\lambda x\dot{x} + 2y\dot{y} + 2\left(z - \frac{R}{v}\right)\dot{z} \\
&= 2\lambda x(\alpha(y - x)) + 2y(zx - y) + 2\left(z - \frac{R}{v}\right)(R - xy - vz) \\
&= -2\alpha\lambda x^2 - 2y^2 - 2vz^2 + 2\left(\lambda\alpha + \frac{R}{v}\right)xy + 2Rz - \left(\frac{R}{v}\right)^2 \\
&= -V + F(X)
\end{aligned} \tag{6.12}$$

定义函数

$$\begin{aligned}
F(X) = &(1 - 2\alpha)\lambda x^2 - y^2 + (1 - v)z^2 + \left(\lambda\alpha + \frac{R}{v}\right)xy + \\
&2\left(1 - \frac{1}{v}\right)Rz + \left(\frac{1}{v^2} - \frac{1}{v}\right)R^2
\end{aligned} \tag{6.13}$$

计算 $F(x,y,z)$ 关于 (x,y,z) 的 Lagrange 极值。因为 F 为二次函数，所以局部极大值为全局极大值。因此，令

$$\frac{\partial F}{\partial X} = 2(1 - 2\alpha)\lambda x + \left(\lambda\alpha + \frac{R}{v}\right)y = 0$$

$$\frac{\partial F}{\partial y} = -2y + \left(\lambda\alpha + \frac{R}{v}\right)x = 0$$

$$\frac{\partial F}{\partial z} = 2(1 - v)z + 2\left(1 - \frac{1}{v}\right)R = 0$$

得

$$x = 0, \quad y = 0, \quad z = -\frac{1 - \frac{1}{v}}{1 - v}R$$

再求 $F(X)$ 的二阶导数

$$\frac{\partial^2 F}{\partial x^2}=2(1-2\alpha)\lambda<0 \qquad \text{当 } \alpha>\frac{1}{2} \text{ 时成立}$$

$$\frac{\partial^2 F}{\partial y^2}=-2<0$$

$$\frac{\partial^2 F}{\partial z^2}=2(1-v)<0 \qquad \text{当 } v>1 \text{ 时成立}$$

因此

$$\sup_{x\in R^3} F(X)=F(x,y,z)\Big|_{\left(x=0,y=0,z=-\frac{\left(1-\frac{1}{v}\right)R}{1-v}\right)}=\frac{\left(1-\frac{1}{v}\right)^2 R^2}{1-v}=L \qquad (6.14)$$

于是,由式(6.12)可知,$\dot{V}\leqslant -V+L$,从而当 $V(X_0)>L, V(X(t))>L$ 时,有全局指数估计式

$$V(X(t))-L\leqslant (V(X_0)-L)\mathrm{e}^{-r(t-t_0)} \qquad (6.15)$$

对式(6.15)两边取上极限,则

$$\overline{\lim_{t\to\infty}}\, V(X(t))\leqslant L$$

因此,$\Omega=\{X\mid V(X(t))\leqslant L\}$ 是系统(6.1)的全局指数吸引集和正向不变集。

6.3　平衡点的线性反馈控制

当 $R=1.1$ 时,平衡点 $O\left(0,0,\frac{R}{v}\right)$ 变为不稳鞍结点。因此,设计线性状态反馈控制器,将混沌系统控制到平衡点 $O\left(0,0,\frac{R}{v}\right)$,对系统的状态变量 X,Y,Z 施加控制。控制器设计为

$$\boldsymbol{U}=\begin{pmatrix} k_1 & 0 & 0 \\ 0 & k_2 & 0 \\ 0 & 0 & k_3 \end{pmatrix}\begin{pmatrix} x \\ y \\ z \end{pmatrix}$$

式中　k_1, k_2, k_3——反馈增益。

于是,受控系统为

$$\begin{cases} \dot{x} = \alpha(y - x) + k_1 x \\ \dot{y} = zx - y + k_2 y \\ \dot{z} = R - xy - vz + k_3 z \end{cases} \tag{6.16}$$

因此,受控系统(6.16)的 Jacobi 矩阵为

$$\boldsymbol{J}_1 = \begin{pmatrix} -\alpha + k_1 & \alpha & 0 \\ \dfrac{R}{v} & -1 + k_2 & 0 \\ 0 & 0 & -v + k_3 \end{pmatrix} \tag{6.17}$$

特征值方程为

$$(\lambda + v - k_3)\left[\lambda^2 + (1 - k_2 + \alpha - k_1)\lambda + \alpha - k_2\alpha - k_1 - k_1k_2 - \frac{\alpha R}{v}\right] = 0$$

对应 3 个特征值为

$$\lambda_1 = -v + k_3$$

$$\lambda_2 = \frac{-(1 - k_2 + \alpha - k_1) + \sqrt{(1 - k_2 + \alpha - k_1)^2 - 4\left(\alpha - k_2\alpha - k_1 - k_1k_2 - \dfrac{\alpha R}{v}\right)}}{2}$$

$$\lambda_3 = \frac{-(1 - k_2 + \alpha - k_1) - \sqrt{(1 - k_2 + \alpha - k_1)^2 - 4\left(\alpha - k_2\alpha - k_1 - k_1k_2 - \dfrac{\alpha R}{v}\right)}}{2}$$

为了使系统控制到平衡点,故有 $\lambda_1 < 0, \lambda_2 < 0, \lambda_3 < 0$。

当 $k_3 < v$ 时,$\lambda_1 < 0$,则

$$\alpha - k_2\alpha - k_1 - k_1k_2 - \frac{\alpha R}{v} > 0,\quad \lambda_2 < 0,\quad \lambda_3 < 0$$

当 $R = 12$ 时,平衡点 P^+, P^- 不稳定。关于平衡点 $P^+(\sqrt{R-v}, \sqrt{R-v}, 1)$,$P^-(-\sqrt{R-v}, -\sqrt{R-v}, 1)$,对系统(6.1)的状态变量 X, Y, Z 施加控制。设计控制器为

$$\boldsymbol{U}_2 = \begin{pmatrix} k_4 & 0 & 0 \\ 0 & k_5 & 0 \\ 0 & 0 & k_6 \end{pmatrix}\begin{pmatrix} x \\ y \\ z \end{pmatrix} \tag{6.18}$$

于是,受控系统为

$$\begin{cases} \dot{x} = \alpha(y - x) + k_4 x \\ \dot{y} = zx - y + k_5 y \\ \dot{z} = R - xy - vz + k_6 z \end{cases} \tag{6.19}$$

受控系统(6.19)的 Jacobi 矩阵为

$$\boldsymbol{J}_3 = \begin{pmatrix} -\alpha + k_4 & \alpha & 0 \\ 1 & -1 + k_5 & \sqrt{R - v} \\ -\sqrt{R - v} & -\sqrt{R - v} & -v + k_6 \end{pmatrix} \tag{6.20}$$

特征值方程为

$$\lambda^3 + (1 - k_4 - k_5 - k_6 + \alpha - v)\lambda^2 + (k_4 k_5 - k_5 \alpha - k_4 - k_5 v + \alpha v - k_4 v - k_6 + k_5 k_6 - k_6 \alpha + k_4 k_6 - R)\lambda - (k_5 + 1)\alpha v + k_4 k_5 v + k_5 k_6 \alpha + k_4 k_6 - k_4 k_5 k_6 + 2\alpha R - k_4 R = 0$$

记

$$a_0 = 1$$

$$a_1 = 1 - k_4 - k_5 - k_6 + \alpha - v$$

$$a_2 = k_4 k_5 - k_5 \alpha - k_4 - k_5 v + \alpha v - k_4 v - k_6 + k_5 k_6 - k_6 \alpha + k_4 k_6 - R$$

$$a_3 = (k_5 + 1)\alpha v + k_4 k_5 v + k_5 k_6 \alpha + k_4 k_6 - k_4 k_5 k_6 + 2\alpha R - k_4 R$$

根据 Routh-Hurwitz 判据

$$\Delta_1' = a_1 > 0$$

$$\begin{aligned} \Delta_2' = \begin{vmatrix} a_1 & a_0 \\ a_3 & a_2 \end{vmatrix} &= (1 - k_4 - k_5 - k_6 + \alpha - v)(k_4 k_5 - k_5 \alpha - k_4 - k_5 v + \\ &\quad \alpha v - k_4 v - k_6 + k_5 k_6 - k_6 \alpha + k_4 k_6 - R) - \\ &\quad (k_5 + 1)\alpha v + k_4 k_5 v + k_5 k_6 \alpha + k_4 k_6 - k_4 k_5 k_6 + 2\alpha R - k_4 R > 0 \end{aligned} \tag{6.21}$$

$$\Delta_3' = \begin{vmatrix} a_1 & a_0 & 0 \\ a_3 & a_2 & a_1 \\ 0 & 0 & a_3 \end{vmatrix} = a_3 \Delta_2' > 0$$

因此,控制到平衡点 C_1, C_2 只需满足 $\Delta_1' > 0, \Delta_2' > 0, \Delta_3' > 0$。

6.4 全局指数同步与仿真

6.4.1 全局指数同步

考虑系统(6.1)的同步问题,驱动系统为

$$\begin{cases} \dot{x}_1 = \alpha(y_1 - x_1) \\ \dot{y}_1 = z_1 x_1 - y_1 \\ \dot{z}_1 = R - x_1 y_1 - v z_1 \end{cases} \tag{6.22}$$

于是,相应的响应系统可表示为

$$\begin{cases} \dot{x}_1 = \alpha(y_2 - x_2) + u_1(e_x, e_x, e_z) \\ \dot{y}_1 = z_2 x_2 - y_2 + u_2(e_x, e_x, e_z) \\ \dot{z}_1 = R - x_2 y_2 - v z_2 + u_3(e_x, e_x, e_z) \end{cases} \tag{6.23}$$

式中 u_1, u_2, u_3——要设计的控制函数。

令 $\boldsymbol{e}^{\mathrm{T}} = (e_x, e_y, e_z)$, $e_x = x_2 - x_1$, $e_y = y_2 - y_1$, $e_z = z_2 - z_1$,则式(6.23)减去式(6.22)即得误差动力系统,可表示为

$$\begin{cases} \dot{e}_x = \alpha(e_y - e_x) + u_1(e_x, e_y, e_z) \\ \dot{e}_y = z_2 e_x + x_2 e_z - e_x e_z - e_y + u_2(e_x, e_y, e_z) \\ \dot{e}_z = e_x e_y - y_2 e_x - x_2 e_y - v e_z + u_3(e_x, e_y, e_z) \end{cases} \tag{6.24}$$

为了使系统(6.24)的零解是全局指数稳定的,设计了控制器$(u_1, u_2, u_3)^{\mathrm{T}}$,从而驱动系统(6.22)和响应系统(6.23)是全局指数同步的,即

$$\lim_{t \to \infty} || e(t) || = 0$$

因为混沌系统是有界的,所以假设

$$|x| \leqslant M_x, \quad |y| \leqslant M_y, \quad |z| \leqslant M_z$$

定义 6.1 存在常数 $\alpha > 0$, $\forall t > t_0$,对 Lyapunov 指数 $V(t)$ 有 $V(t) \leqslant V(t_0) \mathrm{e}^{-\alpha(t - t_0)}$,则称系统(6.24)的零点是全局指数稳定的。

下面的结论是利用线性反馈同步证明系统是全局指数同步的。

定理6.2　误差系统(6.24)的控制器设计为

$$u_1 = -ke_x + y_2e_z,\quad u_2 = -z_2e_x - \alpha e_x,\quad u_3 = 0$$

设 $k>0$,使矩阵

$$\boldsymbol{P} = \begin{pmatrix} 2(\alpha+k) & 0 & 0 \\ 0 & 2 & 0 \\ 0 & 0 & 2v \end{pmatrix} \tag{6.25}$$

是正定的,则误差系统(6.24)的零解全局指数稳定,驱动系统(6.22)和响应系统(6.23)全局指数同步。

证明　构造一个正定的径向无界的 Lyapunov 函数

$$V = e_x^2 + e_y^2 + e_z^2 \tag{6.26}$$

计算 V 对时间的导数,有

$$\begin{aligned}\frac{\mathrm{d}V}{\mathrm{d}t} &= 2e_x\dot{e}_x + 2e_y\dot{e}_y + 2e_z\dot{e}_z \\ &= 2e_x(-\alpha e_x + \alpha e_y - ke_x + y_2e_z) + 2e_y(-e_y + z_2e_x - \alpha e_x - z_2e_x) + \\ &\quad 2e_z(-ve_z - y_2e_x) \\ &= -2(\alpha+k)e_x^2 - 2e_y^2 - 2ve_z^2 \\ &= -\begin{pmatrix} e_x \\ e_y \\ e_z \end{pmatrix}^{\mathrm{T}} \begin{pmatrix} 2(\alpha+k) & 0 & 0 \\ 0 & 2 & 0 \\ 0 & 0 & 2b \end{pmatrix} \begin{pmatrix} e_x \\ e_y \\ e_z \end{pmatrix} \\ &= -\boldsymbol{e}^{\mathrm{T}}\boldsymbol{P}\boldsymbol{e}\end{aligned} \tag{6.27}$$

其中

$$\boldsymbol{P} = \begin{pmatrix} 2(\alpha+k) & 0 & 0 \\ 0 & 2 & 0 \\ 0 & 0 & 2b \end{pmatrix} \tag{6.28}$$

为使误差系统(6.24)的零解全局指数稳定,只需保证矩阵 $\boldsymbol{P}$ 是正定的即可。

当且仅当不等式成立

$$2(\alpha+k) > 0 \tag{6.29}$$

从上面不等式,可推得 k 满足 $k>-\alpha$。

于是,当 $k>0$ 时,矩阵 $\boldsymbol{P}$ 是正定的,而 $\dot{V}$ 是负定的。由式(6.25),则

$$\frac{\mathrm{d}V}{\mathrm{d}t} \leqslant -\lambda_{\min}(P)(e_x^2 + e_y^2 + e_z^2) = -\lambda_{\min}(P)V \tag{6.30}$$

因此

$$e_x^2+e_y^2+e_z^2=V(X(t))\leqslant V(X(t_0))\mathrm{e}^{-\lambda_{\min}(P)(t-t_0)}\qquad t\geqslant t_0 \tag{6.31}$$

当 $t\to+\infty$ 时,$V(X(t))\to 0$,误差系统(6.24)的零解全局指数稳定。因此,驱动系统(6.22)和响应系统(6.23)全局指数同步。

6.4.2 数值仿真

本节用四阶 Runge-Kutta 算法作仿真来验证方法的有效性。

选取步长为 0.001,驱动系统(6.22)和响应系统(6.23)的初始条件分别设为

$$(x_1(0),z_1(0),y_1(0))=(28,13,74)$$

$$(x_2(0),z_2(0),y_2(0))=(-65,26,-56)$$

误差系统的初始条件

$$(e_x(0),e_y(0),e_z(0))=(-80,14,-105)$$

同步误差定义为

$$e(t)=\sqrt{e_x^2(t)+e_y^2(t)+e_z^2(t)} \tag{6.32}$$

对定理 6.2 中的控制器,选取反馈增益 $k=1$,则响应系统(6.23)和驱动系统(6.22)的同步如图 6.23 所示,同步误差 $e(t)$ 随时间 t 的变化如图 6.24 所示。仿真结果表明,响应系统(6.23)和驱动系统(6.22)达到同步时间很短,误差很快趋于 0。

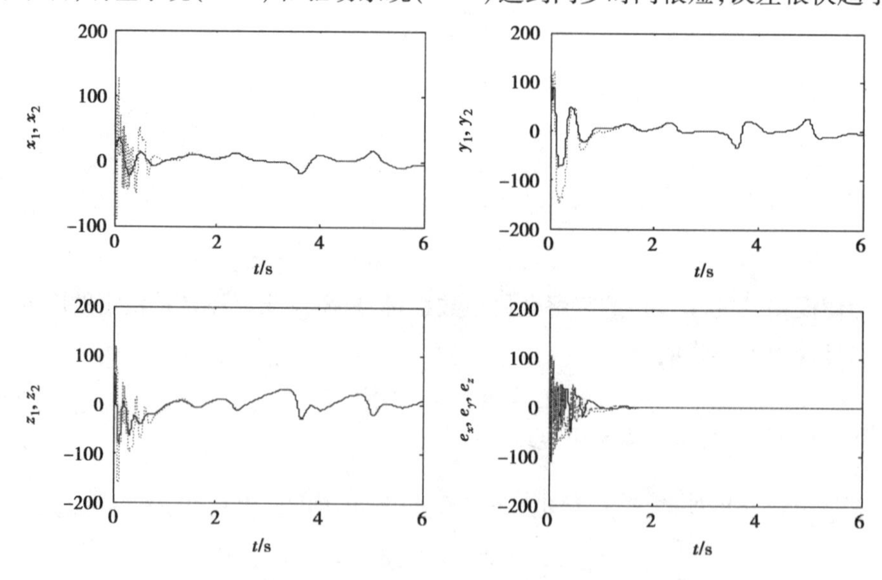

图 6.23 驱动系统轨线和响应系统轨线随着时间 t 的变化

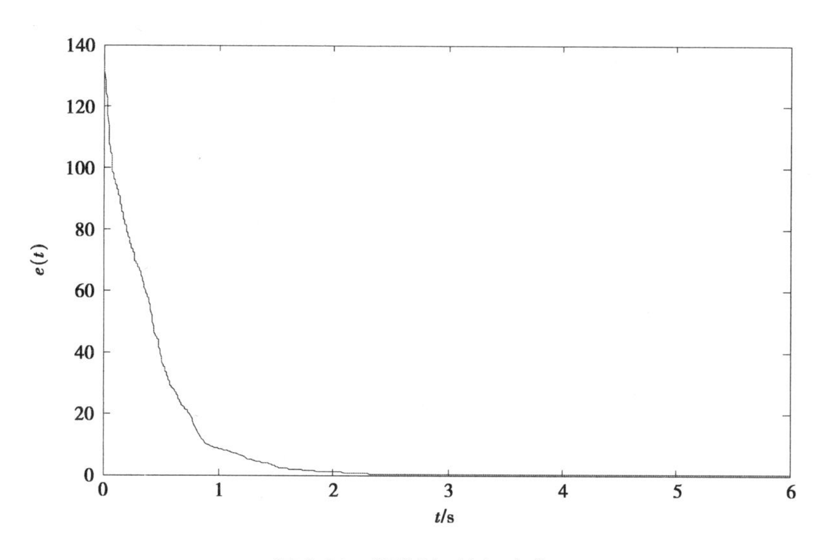

图 6.24　误差随时间 t 变化

参考文献

[1] 黄润生. 混沌及其应用[M]. 武汉：武汉大学出版社，2000.

[2] Ott E, Grebogi C, Yorke J A. Controlling Chaos[J]. Phys. Rev. Lett., 1990, 64(11): 1196-1199.

[3] Pecora L M, Carroll T L. Synchronization in chaotic systems[J]. Phys. Rev. Lett., 1990, 64(8):821-824.

[4] 魏诺. 非线性科学基础与运用[M]. 北京：科学出版社，2002.

[5] Chen G R, Ueta T. Yet Another Chaotic Attractor[J]. International Journal of Bifurcation & Chaos, 1999, 9(7): 1465-1469.

[6] Lü J H, Chen G R. A new chaotic attractor coined[J]. International Journal of Bifurcation & Chaos, 2002, 12(3): 659-661.

[7] Lü J H, Chen G R, Cheng D z, et al. Bridge the gap between the Lorenz system and the Chen system[J]. International Journal of Bifurcation & Chaos, 2002, 12(12): 2917-2926.

[8] Liu C X, Liu T, Liu L. A new chaotic attractor[J]. Chaos, Solitions & Fractals, 2004(5): 1031-1035.

[9] 褚衍东，李险峰，张建刚，等. 一类新自治混沌系统的计算机仿真与电路模拟[J]. 四川大学学报，2007，44(3)：550-556.

[10] 陶朝海，陆君安，吕金虎. 统一混沌系统的反馈同步[J]. 物理学报，2002，51(7)：1479-1501.

[11] 廖晓昕. 论 Lorenz 混沌系统全局吸引集和正向不变集的新结果及对混沌控制与同步的应用[J]. 中国科学，E 辑，2004，34(12)：1404-1419.

[12] 江明辉，沈铁，廖晓昕. 统一混沌系统非线性控制器的设计与分析[J]. 系统工程与电子技，2005，27(12)：2073-2074.

[13] 蔡国梁，谭振梅，周维怀，等. 一个新混沌系统的混沌控制与同步动力学分析及混沌控制[J]. 物理学报，2007，56(11)：6230-6237.

[14] 李翔，冯平，王维俊，等. 一个新混沌系统的混沌控制与同步[J]. 后勤工程学院学报，2012，28(4)：92-96.

[15] 鞠培军，田力，孔宪明，等. 统一混沌系统的全局指数吸引集的新结果[J]. 纯粹数学与应用数学，2012，28(1)：114-136.

[16] Carlo Boldrighini, Valter Franceschini. A Five-Dimensional Truncation of the Plane Incompressible Navier-Stokes Equations[J]. Communications in Mathematical Physics, 1979(64):159-170.

[17] Valter Franceschini, Claudio Tebaldi. A Seven-Modes Truncation of the Plane Incompressible Navier-Stokes Equations[J]. Journal of Statistical physics, 1981 ,25(3):397-417.

[18] Valter Franceschini , R Zanasi. Three-Dimensional Navier-stokes Equations Trancated on A Torus[J]. Nonlinearity,1992(4):189-209.

[19] Valter Franceschini, Claudio Tebaldi. Breaking and Disappearance of Tori [J]. Commun. Math. Phys,1984(94):317-329.

[20] Franceschini V, Inglese G, Tebaldi C. A Five-mode Truncation of the Navier-Stokes Equations on A Three-Dimensional Torus[J]. Commun. Mech. Phys,1988(64):35-40.

[21] H. 哈肯. 协同学[M]. 徐锡申，等，译. 北京：原子能出版社，1984.

[22] Chillingworth D R J, Holmes P J. Dynamical systems and models for reversals of the earth's magnetic field[J]. Mathematical Geosciences, 1980, 12(1): 41-59.

[23] 杨东升，赵琰，刘鑫蕊. 混沌系统模糊建模、同步及反控制[M]. 北京：科学

出版社, 2012.

[24] 刘秉正, 彭建华. 非线性动力学[M]. 北京: 高等教育出版社, 2004.

[25] 刘秉正, 彭建华. 非线性动力学[M]. 北京: 高等教育出版社, 2004.

[26] 张锁春. Belousov-Zhabotinsky 反应中的混沌[J]. 非线性动力学学报, 1994, 1(3): 195-208.

[27] 张锁春. 俄勒冈振子的 Hopf 分歧类型的论证[J]. 非线性动力学学报, 1995, 2(3): 198-204.

[28] 张子范, 张锁春. 三维俄勒冈振子的正定态和 Hopf 分岔及周期解分析[J]. 数学学报, 2003, 46(1): 167-176.

[29] 卫国英, 蒋文, 罗久里. 铂电极 BZ 反应体系的系统动力学分析[J]. 高等学院化学学报, 2004(25): 693-696.

[30] 柴俊, 张正娣. 三变量 CSTR 化学反应的复杂动力学行为分析[J]. 动力学与控制学报, 2007, 5(1): 34-38.

[31] 李勇. B-Z 化学振荡系统的非线性分析及控制[D]. 镇江:江苏大学, 2008.

[32] 江成瑜. Belousov-Zhabotinskii 反应模型的复杂动态[D]. 北京:北京化工大学, 2011.

[33] 李蒙蒙. BZ 振荡反应的动力学行为分析[D]. 北京:北京化工大学, 2012.

[34] 李才伟, 吴金平. 化学混沌与 BZ 反应的细观元胞自动机模拟[J]. 计算机与应用化学, 2000, 17(5): 489-493.

[35] 李铭. B-Z 化学振荡反应的机理及其分析应用[D]. 西安: 西北师范大学, 2011.

[36] 牛宏. 若干类化学和生物动力系统的复杂性研究[D]. 沈阳:东北大学, 2012.

[37] 郝柏林. 混沌、奇怪吸引子、湍流及其它——关于确定论系统中的内在随机性[J]. 物理学进展, 1983, 3(3): 329-416.

[38] 王光瑞, 陈式刚, 郝柏林. 强迫布鲁塞尔振子的阵发混沌[J]. 物理学报, 1983, 22(9): 1139-1148.

[39] 王光瑞, 张淑誉, 郝柏林. 强迫布鲁塞尔振子的普适序列[J]. 物理学报, 1984, 33(9): 1008-1016.

[40] 王光瑞, 郝柏林. 强迫布鲁塞尔振子中从准周期运动到混沌态的过渡[J]. 物

理学报, 1984, 33(9): 1321-1325.
[41] 孙鹏. 周期小扰动对强迫布鲁塞尔振子混沌的控制[J]. 鞍山钢铁学院学报, 1997, 20(2): 47-49.
[42] 童培庆, 赵灿东. 强迫布鲁塞尔振子中混沌行为的控制[J]. 物理学报, 1995, 44(1): 35-42.
[43] 王光瑞, 周玲云. 强迫布鲁塞尔振子数值研究的某些进展[J]. 昆明工学院学报, 1989, 14(1): 100-106.
[44] 魏诺. 非线性科学基础与运用[M]. 北京: 科学出版社, 2002.
[45] Wang He Yuan. Lorenz systems for the incompressible flow between two concentric rotating Cylinders[J]. Journal of Partial Differential Equations, 2010, 23(3): 209-221.
[46] D M Li, J A Lu, X Q Wa, et al. Estimating the bounded for the Lorenz family of chaotic systems[J]. Chaos,Solitions and Fractals,2005(23): 529-534.
[47] 陈关荣, 吕金虎. Lorenz 系统族的动力学分析、控制与同步[M]. 北京: 科学出版社, 2003.
[48] 黄琳. 稳定性与鲁棒性的理论和应用[M]. 北京: 国防工业出版社, 2000.
[49] Liao X X. Absolute Stability of Nonlinear Control Systems[M]. Kluwer Academic PubNetherlands, 1993.
[50] 廖晓昕. 动力系统的稳定性理论和应用[M]. 北京: 国防工业出版社, 2000.
[51] 牛宏. 若干类化学和生物动力系统的复杂性研究[D]. 沈阳:东北大学, 2012.
[52] 王贺元. Couette-Taylor 流三模系统的混沌行为及其仿真[J]. 数学物理学报, 2015, 35(4): 769-779.
[53] Wang H Y. Lorenz systems for the incompressible flow between two concentric rotating cylinders[J]. Journal of Partial Differential Equations, 2010, 23(3): 209-221.
[54] Wang H Y. Dynamical Behaviors and Numerical Simulation of Lorenz Systems for the Incompressible Flow Between Two Concentric Rotating Cylinders[J]. International Journal of Bifurcation and Chaos, 2012, 22(5): 1250124.
[55] Vijay K, Tanmoy S, Subie D. Combined synchronization of time-delayed chaotic

systems with uncertain paramrters[J]. Chinese Journal of Physics, 2017, 55(2): 457-466.

[56] 廖晓昕. 论 Lorenz 混沌系统全局吸引集和正向不变集的新结果及对混沌控制与同步的应用[J]. 中国科学（E 辑）: 信息科学, 2004, 34(12): 1404-1419.

[57] 王贵友. 从混沌到有序-协同学简介[M]. 武汉: 湖北人民出版社, 1987.

[58] 廖晓昕. 论 Lorenz 混沌系统全局吸引集和正向不变集的新结果及对混沌控制与同步的应用[J]. 中国科学（E 辑）: 信息科学, 2004, 34(12): 1404-1419.

[59] Wang X Y, Wang M J. Hyper chaotic Lorenz system[J]. Acta Physics Sinica, 2007, 59(9): 5136.

[60] Chillingworth D R J, Holmes P J. Dynamical systems and models for reversals of the earth's magnetic field[J]. Mathematical Geosciences, 1980, 12(1): 41-59.

致 谢

作者感谢国家自然科学基金“同轴圆筒间旋转流动的吸引子及混沌仿真与控制”(编号 11572146)和辽宁省教育厅科学基金项目“旋流式反应系统的混沌仿真及其控制与同步研究”(编号 L2013248)以及锦州市科技专项基金项目“化学反应系统的混沌仿真及控制与同步研究”(编号 13A1D32)的资助;感谢沈阳师范大学学术文库基金的资助;感谢辽宁省科技计划重点研发项目(2019JH8/10100086)和沈阳师范大学博士启动基金(054-91900302009)的资助。

书中部分结果是作者在指导研究生的过程中完成的。对我已毕业的研究生刘莹、陈荟颖、孙伟鹏、阚猛、段文元表示衷心的感谢。